Kick-off!

MARKUS BAUMANNS

KICK OFF

AUF ENTDECKUNGSREISE ZUR ORGANISATION DER ZUKUNFT

Mit Illustrationen von Britta Tondock

MURMANN | Haufe.

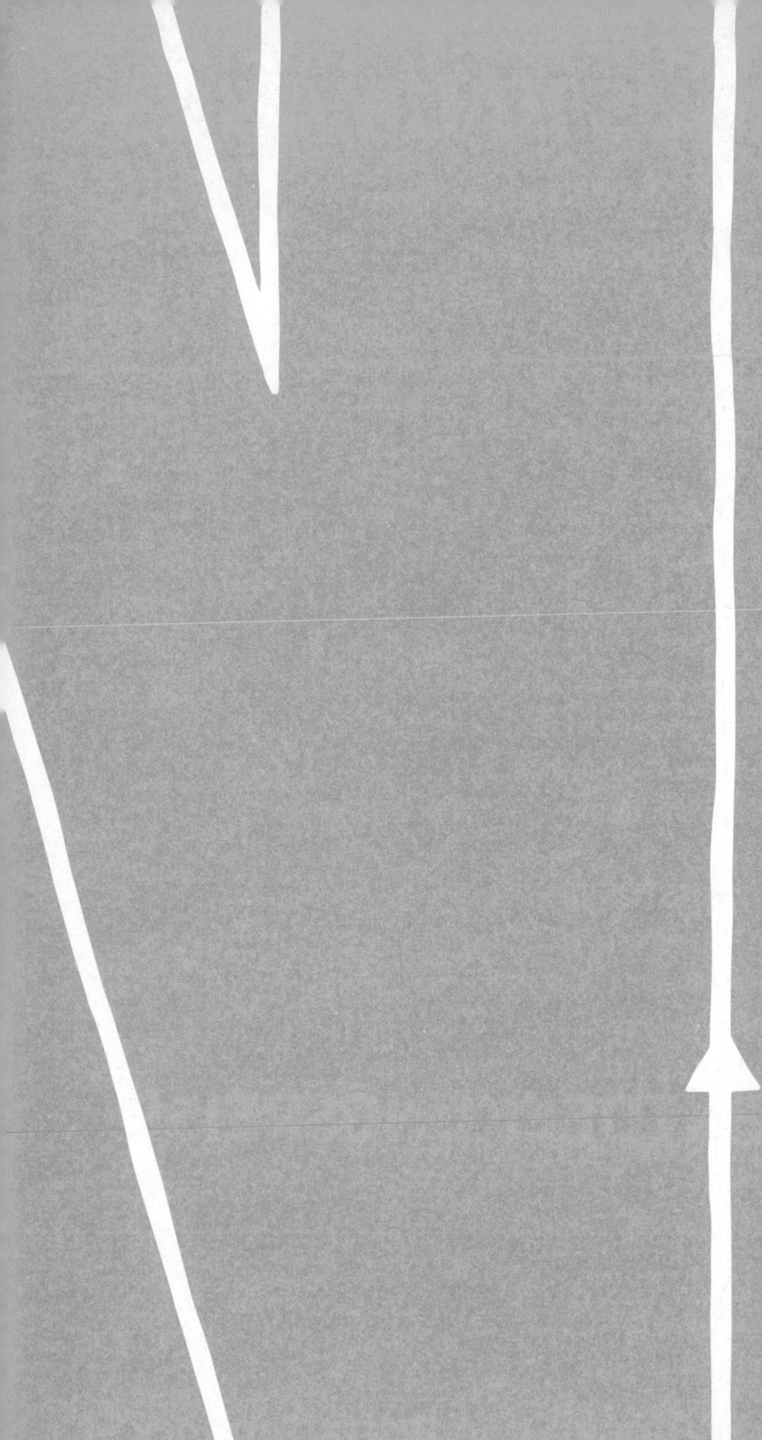

INHALT

Einführung

Es ist unübersehbar, dass wir in einer Zeit des Umbruchs von Geschäftsmodellen, Arbeitsweisen und Organisationen leben. Die Digitalisierung aller Lebens- und Arbeitsbereiche fordert ihren Tribut und verschafft zugleich ungeahnte Möglichkeiten. Das Organigramm, das Zusammenarbeit in Kästchen, Funktionen, Berichtslinien abbildet und Silos hervorbringt, hat ausgedient. Netzwerkbasierte und auf Selbstorganisation setzende Formen der Zusammenarbeit bereiten ihm den Garaus und stellen unser jahrzehntealtes Verständnis von Organisation auf den Kopf. Es herrschen Unruhe, Unsicherheit und Unordnung im Unternehmensalltag.

Dieses Buch erzählt die Geschichte der Transformation eines traditionellen, hierarchisch strukturierten Unternehmens in eine auf Eigenverantwortung und Selbstdisziplin beruhende Organisation. Es erklärt, warum in der Verlagerung von Eigenverantwortung an viele Mitarbeiter die Quelle des Wachstums eines Unternehmens liegt: Wachstum von Sinn, von Attraktivität für beste Mitarbeiter und Führungskräfte sowie Wachstum des Geschäfts. Es richtet sich an Führungskräfte und Unternehmensleitungen, die sich in einer ähnlichen Phase der Organisationsentwicklung befinden oder diese noch vor sich haben. Es richtet sich an Gefangene in bestehenden Strukturen, die durch Abstimmungsorgien, Meetingflut und Reibungsverluste an Schnittstellen zermürbt sind. An Suchende nach einer anderen Form der Zusammenarbeit, bei der das gemeinsame Ziel, lebendige Teamarbeit und Spaß an der Arbeit den Alltag prägen. Es will die Urteilsfähigkeit derjenigen wecken, die dazu neigen, hinter Patentrezepten herzuhasten. Es will dazu beitragen, einen anderen Blick auf Ihr Unternehmen zu werfen und ein neues Selbstverständnis einer Organisation zu denken und praktisch durchzuspielen.

Das Buch ist kein Ratgeber, sondern eine Entdeckungsreise. Auf der Reise begegnen Sie Unternehmensbeispielen, Interviewpartnern, alltagstauglichen Denkanstößen und Bausteinen, die wir, die company companions, umzusetzen geholfen haben. Sie werden sich Ihr eigenes Urteil über die Reisebekanntschaften bilden und darüber nachdenken, ob und, wenn ja, welche Elemente und wie Sie sie für Ihre Organisation und Ihr Unternehmen nutzen. Sie erleben organisatorische Transformation als kontinuierliche Lernerfahrung auf einem Weg ins Unbekannte und erfahren, wie sie gelingen kann. Wenn Sie Ideen gewinnen, wie Sie sich und Ihrer Organisation Mut und Vertrauen für die Reise ins Ungewisse einflößen können, hat es seinen Zweck erfüllt.

Der erste Teil – »Erkennen« – weckt Sie auf, falls Sie nicht schon wach sind. Bei genauer Betrachtung ist die Realität in unseren Organisationen ernüchternd. Vieles, was wir mittlerweile in unserem Arbeitsalltag selbstverständlich hinnehmen, ist absurd, lähmt uns kolossal und ist menschenfeindlich. Wir erkennen diesen traurigen Zustand an den Sprachmustern, die wir verwenden. Im zweiten Teil – »Nachdenken« – fragen wir uns, wie es dazu kommen konnte und warum die Arbeitsweisen von gestern, heute und morgen weniger denn je funktionieren. Wir betrachten neue Sprachmuster, die zu einer neuen Zeit passen. Im dritten Teil – »Tun« – machen sich unsere Hauptpersonen, der traditionelle Textilmaschinenhersteller Sklerotec AG und eine Gruppe von Führungskräften, auf den Weg. Sie transformieren sich und ihr Unternehmen, lernen eine neue Sprache und zetteln eine Bewegung an. Sie begegnen praktikablen Anregungen, aussagekräftigen Zitaten, zahlreichen Unternehmensbeispielen, einer Checkliste »Transformation« und einem Vokabelheft. Im Epilog nehmen Sie Anteil an Erfahrungen mit neuen Organisationsformen und sind eingeladen, sich von einer These für die Organisation der Zukunft inspirieren zu lassen.

Gute Reise!

I ERKENNEN
DER BEFUND

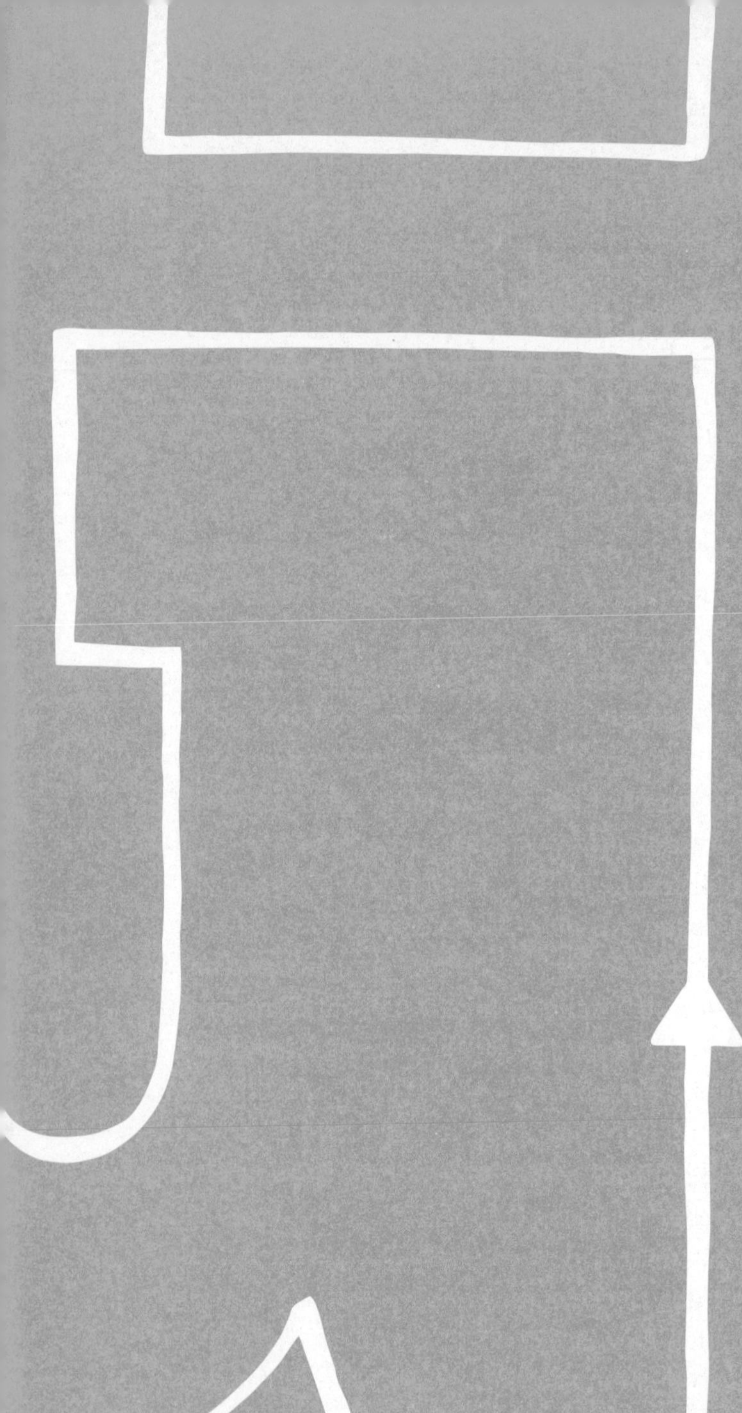

IM GEFÄNGNIS

Es ist vor Beginn des Arbeitstags. Mirko S., Mitarbeiter des Reinigungsdienstleisters clean-down, schlurft hinter seinem Putzwagen her durch den Gang im sechsten Stock des Verwaltungsgebäudes der Sklerotec AG. Es ist Ende November, fünf Uhr morgens und draußen stockfinster. Neonröhren tauchen den engen Bürogang in weißes, gleißendes Licht. Nachdem er drei Einzelbüros auf dem Gang gereinigt hat, öffnet er eine vierte Tür, die Tür zum Konferenzraum. Der Konferenztisch ist übersät mit leer getrunkenen und halb vollen Kaffeetassen. Kaffeereste malen hellbraune Halbkreise auf das weiße Porzellan. Benutzte Löffel liegen auf den Untertassen. Silberne Kaffeekannen sind von halb leeren Kekstellern eingekreist. Um die Teller herum heben sich helle Kekskrümel vom dunklen Furnier des Konferenztisches ab. Geöffnete Plastikmilchdöschen liegen in und neben einem bereitgestellten Tischabfalleimer aus weißem Plastik. Um den Tisch herum stehen schwarze, eingesessene Lederstühle mit chefig hohen Rückenlehnen. Ein anthrazitfarbener Teppich schluckt den Schall eines jeden Schritts. Gemeinsam mit den offenporigen weißen Schalldämmplatten an der Decke trägt er bei zu einer gedämpften Atmosphäre, die den Eintretenden unwillkürlich flüstern lässt. An der Stirnseite hängt ein großformatiger Bildschirm, darunter eine Steuerungskonsole. Das Dunkelgrün der großen Blätter eines in der Ecke stehenden pflegeleichten Gummibaums stemmt sich tapfer gegen die Monotonie des Schwarz-Weiß-Grau-Gesamteindrucks. Die weißen Wände sind mit Luftaufnahmen von den Produktionsstandorten in aller Welt dekoriert. In weißen Rahmen hängen die großformatigen Schwarz-Weiß-Fotos an der Wand und künden von den Erfolgen der Sklerotec AG als ehemals führendem Maschinen- und Anlagenbauer in der Textilindustrie.

Mirko S. räumt Geschirr und Kannen vom Tisch in den silberfarbenen Geschirrwagen und putzt den Tisch blank. Nachdem er ebenfalls die Sitzflächen der Stühle von Krümelresten befreit hat, bückt er sich, um den Stecker des Hochleistungsstaubsaugers in die Steckdose unten neben der Zimmertür zu führen. Beim Bücken streift sein Blick das links neben dem Ausgang in Augenhöhe hängende Plakat: »Unsere Werte: Vertrauen, Transparenz, Ergebnisorientierung und Unternehmertum.« Darunter auf demselben Plakat ist zu lesen: »Unser

Führungsleitbild: Wir kommunizieren zeitnah, offen und ehrlich. Wir sind Vorbild.« Mirko S. beginnt mit dem Staubsaugen.

Wenige Stunden zuvor trafen sich in diesem Raum die Abteilungsleiter des Bereichs Vertrieb. Sie waren ohne ihren Bereichsleiter zusammengekommen. Dieser hatte ihnen eine Woche zuvor mitgeteilt, dass auch der Vertriebsbereich einen Beitrag zur neuen Reorganisation leisten müsse. Die Wettbewerbssituation nehme zu, die Digitalisierung greife um sich, die Globalisierung, die Komplexität, die Unsicherheit und so weiter und sofort. All dies schlüge nun auch auf die Sklerotec AG durch, hatte der Vorstand wissen lassen. Er wolle im Rahmen dieses groß angelegten »Reorganisationsprojekts« mit dem Namen »Leap Forward« »endlich Ergebnisse sehen« und nicht, wie sonst immer, »reine Absichtserklärungen«. Mit unüberhörbarer Ungeduld in der Stimme habe der Vorstand die Reduktion des »Wasserkopfs« der Zentrale angekündigt. Silos sollen aufgebrochen, Abteilungen zusammengelegt und die Fixkosten, sprich Personal, reduziert werden. Einem »modernen Führungsstil« folgend, hätte sich der Vorstand überlegt, zunächst »Bottom-up« Ideen zur Umorganisation einzusammeln. Er werde knallhart durchgreifen, wenn es irgendwelche Blockierer gebe. »Schuldige für Verzögerungen werden an den Pranger gestellt, Fehler nicht akzeptiert.« Mit Aplomb unterstreicht der Vorstand seine Entschlossenheit mit der Wortwolken-Devise: »Walk the talk!« und »Endlich Butter bei die Fische!« – und gibt zugleich die Wirkungslosigkeit aller vorangegangenen Initiativen zur Ertüchtigung der Organisation zu.

Die Abteilungsleiter wollen ihre Position zu diesem neuen Vorhaben abstecken.

»Das passt doch alles nicht zusammen: Einerseits sollen wir ständig mehr machen. Und andererseits kürzen sie uns immer mehr Mitarbeiter«, so ist zu hören. »Zusammenlegen von Abteilungen? Das kommt für keinen von uns infrage«, so die einhellige Meinung aller Anwesenden. »Man muss die Organisationen immer wieder einmal ausmisten, sonst verfetten sie«, so, weiß ein Kollege zu berichten, habe er auf dem Gang den Vorstand reden hören, als er letzte Woche zum Rapport in der Vorstandsetage erscheinen musste. »Bottom-up, das ist der blanke Hohn«, murren die Anwesenden. »Der Vorstand gibt das heiße Eisen an den Bereichsleiter ab, und der schiebt mal wieder die Verantwortung auf uns. Und wir dürfen das den Mitarbeitern gegenüber ausbaden.« Der gemeinsame Feind der Abteilungsleiter ist klar: Vorstand und Bereichsleiter. Die wollen ihnen ans Leder, und die »Bereichsleiter denken nur daran, ihre eigene Haut zu retten.« Jetzt gilt es, sich

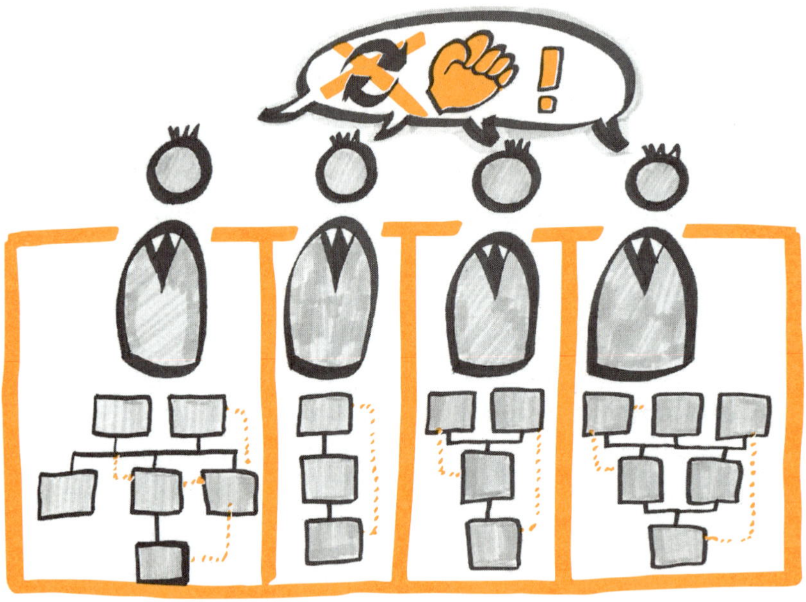

aufzurüsten und ins Gefecht zu ziehen. »Wir müssen unsere Zuständigkeiten verteidigen«. »Das ist meine Abteilung. Da pfuscht mir keiner rein.«

Die Abteilungsleiter sind kampferprobt im Abwehren von Angriffen. Die im letzten Jahr begonnene Reorganisation, die Aufgaben, etwa das Supply Chain Management aus der Zentrale in die Fläche zu verlagern, kann im Schulterschluss mit den Abteilungsleiterkollegen aus anderen Bereichen erfolgreich abgewehrt werden. Nach zähem Ringen bleibt von der Dezentralisierung zumindest im Vertrieb wenig übrig. Lediglich die wenigen Abteilungen, die Kunden betreuen, die im direkten Umfeld der Fertigungsstätten liegen, werden in die Fläche verlegt.

> **»Wenn ich mit anderen Abteilungen zusammenarbeite, schade ich mir selbst. Mein Bonus bemisst sich schließlich noch dem, was ich in meinem Bereich leiste.«**

Abteilungsleiter eines Maschinen- und Anlagenbauers

Die Freude über die gemeinsam gewonnene Schlacht wird indes rasch wieder vom Alltag eingeholt. Untereinander sind sich die Abteilungsleiter spinnefeind. »Wehe, Sie greifen noch einmal auf meine Mitarbeiter zu«, droht der eine dem anderen. »Dann eskaliere ich das hoch.« Der andere Abteilungsleiter hat zur Ausgestaltung eines Großkundenvertrags um die Kompetenz eines Mitarbeiters gebeten, der die Prozesse des Kunden aus einem Vorgängerprojekt kennt. »Wer hat hier die disziplinarische Führung?«, schmettert ihm sein Kollege entgegen.

Überhaupt, diese ewigen »dotted lines«, also informelle Berichtslinien neben den disziplinarischen, sind die Pest. Es herrscht »keine Klarheit« in den Verantwortungsbereichen. Als besonders schlimm erweist sich die Einführung einer gruppenübergreifenden Matrix aus funktionaler, regionaler und Produktlinienverantwortung. Funktional, also Vertrieb, Produktion und Verwaltung. Regional, also Verantwortung über eine Vertriebsregion oder eine Produktionsgesellschaft. Und die Verantwortung über die drei Produktlinien Wirkmaschinen, Kettvorbereitungsmaschinen und technische Textilien. Hinzu kommen Querschnittskompetenzen, also solche, die in Produktionsgesellschaften der gesamten Gruppe gebraucht oder ausgebildet werden, wie Neuentwicklungen, die allen zugutekommen und zu denen alle Organisationseinheiten beitragen sollen. An den Schnittstellen dieser Matrix gibt es ständig Reibungsverluste. Fach- und disziplinarische Führung zu trennen führt ins Chaos. Linien-, also funktionale Verantwortung, und Regionalverantwortung gleichzeitig im Unternehmen umzusetzen sorgt für nicht enden wollende Auseinandersetzungen. Diener zweier Chefs zu sein? Unmöglich! Eine Berichtslinie zu einem Vorgesetzten wünschen sich Mitarbeiter vor allem auf den »unteren Ebenen«: »Die wollen klare Ansagen«, erklärt einer mit dramatischer Geste. »Fragen wir die einmal, wie wir die neue Fixkostenrunde gestalten sollen.« »Daran sollen die sich mal ruhig die Zähne ausbeißen!« »Die reden doch immer davon, dass sie mitbestimmen wollen.« »Liefern, nicht immer nur meckern.« Vereint gegenüber dem gemeinsamen Feind, den Mitarbeitern, nicken alle heftig und bestärken sich in ihren Klagen über die ewig fordernden Mitarbeiter.

Die Runde diskutiert sich heiß. Schnell ist der Plan gemacht. »Als Erstes müsste man die mal ins Boot holen und ihnen zeigen, welche Erwartungen der Vorstand an uns hat.« »Dann fordern wir Antworten.« »Nach oben können wir berichten, dass wir die Ideen gemeinsam entwickelt haben. Das klingt modern, nach Bottom-up und Basisdemokratie. Das finden doch alle gut zurzeit.« »Aber halt«, wirft ein mit allen Wassern gewaschener Kollege ein: »Müsste man dieses Vorgehen nicht vorher absegnen lassen? Nicht dass wir hier vorangehen und uns am Ende selbst ein Grab schaufeln: ›Ihr wiegelt die Mannschaft auf?‹« Die Kollegen stimmen zu. »Dann schreib du eine E-Mail an den Bereichsleiter.« Antwort: »Mache ich.« »Aber ich setze alle in Kopie und sage: ... wie die Abteilungsrunde gestern besprochen hat ... So bin ich abgesichert.«

Die Runde der Abteilungsleiter geht in den Feierabend und hinterlässt Mirko S. das Feld.

KRANKHEITSSYMPTOME

So oder ähnlich spielt es sich in vielen Führungsetagen ab. Endlose Abstimmungsschleifen und Meetingmarathons prägen den Alltag. Wir stöhnen über Reibungsverluste an Schnittstellen und steigende Komplexität. Überlastung und Überforderung stehen auf der Tagesordnung. Wir sind langsam geworden – zu langsam für die Geschwindigkeit, mit der sich Märkte entwickeln. Verzweifelt rufen wir nach einheitlichen Prozessen und glauben allen Ernstes: Wenn wir Prozesse beschrieben und etabliert haben, wird alles von selbst gehen. Haben wir aber welche fixiert, stellen wir schnell fest, dass sie nicht eingehalten werden. Wir beklagen, dass unser Projektmanagement nicht funktioniert und unsere Projekte ständig außer Kontrolle geraten. Wir missachten mühsam errungene Meilensteine. Wir reißen laufend unser Budget und hinken unseren Planungen hinterher. Einmal getroffene Verabredungen werfen wir um, kaum dass sie stehen. Mit Verve gestartete neue Vorhaben verlaufen im Sand. Wir jammern über Silos und halten klammheimlich Informationen zurück, weil wir damit unsere Machtposition festigen. Keiner kommuniziert mit keinem, obwohl alle ständig übereinander reden. Vor allem auf den Fluren. Wir beklagen fehlendes Unternehmertum und vergeben aus Angst davor, falsche Entscheidungen zu treffen, immer neue Prüfaufträge. Benchmarks, bei denen sich 115 PowerPoint-Seiten und 18 Meetings später herausstellt, dass es doch keine Vergleichbarkeit zu anderen gibt. Am Ende weiß keiner mehr, was er eigentlich glauben soll. Paralyse durch Analyse.

Wir sind zugleich Täter und Opfer unseres alltäglichen Wahnsinns.

Täter, weil wir eine wahre Meisterschaft darin entwickelt haben, uns in diesem Umfeld zu bewegen und dessen Defekte zu verstärken. Nehmen wir zum Beispiel unsere absurden Budget-Planungsprozesse. Alljährlich erfragt die Geschäftsführung Planungsziele für das kommende Geschäftsjahr. Wie das neue Reorganisationsprojekt bei der Sklerotec AG nennt sich dieses Vorgehen »Bottom-up-Prozess«. Ganze Abteilungen planen mit möglichst niedrigen Zahlen, damit nachher jeder Beteiligte sagen kann, wir haben den Plan übererfüllt. Schließlich hängen daran auch die persönlichen Jahresboni. Und wenn das aggregierte Zahlenmaterial nicht zu den Erwartungen der

Shareholder passt, wird es eben passend gemacht. Das Topmanagement legt noch einmal eine Schippe drauf. So werden also munter hohle Excel-Tabellen ohne Relevanz für das reale Geschäft, ohne ehrliche und offene Auseinandersetzung mit den Marktentwicklungen hin und her befördert. Je nach Argumentationslage nutzen wir die Zahlen endloser Marktstudien, um eine Aussage oder deren Gegenteil mit bedeutungsvollem Augenrollen und vielen PowerPoint-Charts zu belegen. Spätestens nach den ersten drei Monaten des neuen Geschäftsjahrs kommt das jähe Erwachen. Alle Beteiligten fragen sich, warum sie schon wieder hinter Plan liegen. Schuldige werden gesucht. Hektische Vorbereitungen für Aufsichtsratssitzungen finden statt, bei denen die Abweichungen analysiert werden

sollen. Planungen werden erneut mit gewaltigem Aufwand überarbeitet. Und so geht es munter weiter, bis Forecast und IST spätestens im Oktober identisch sind – und die Planung für das nächste Geschäftsjahr nach gleichem Ritual startet (vergleiche zu diesen wirkungslosen Aktivitäten und vertiefend zu einzelnen Gerüsten und Methoden, die dieses Buch berührt: Baumanns/Schumacher 2014).

Als Opfer fühlen wir uns, weil wir tagein, tagaus von Meeting zu Meeting hetzen und dabei keinen klaren Gedanken fassen können. Das sogenannte mittlere Management wird zerrieben zwischen den Anforderungen eines unter dem Druck von Quartalszahlen stehenden Vorstands und Mitarbeitern, die sich von »denen da oben« nicht verstanden fühlen. Mangels alternativer Karrierewege werden exzellente Fachkräfte zu ungeeigneten und unvorbereiteten Führungskräften befördert, was ihre Überforderung und die Kluft zu den Mitarbeitern weiter vertieft. Wir werden Opfer von Intrigen, fühlen uns gemobbt und hinausgedrängt.

Die Umfragewerte in Statistiken über die Zufriedenheit von Mitarbeitern und Führungskräften in Unternehmen in Industrieländern sind seit 20 Jahren unverändert desaströs. Im besten Fall identifiziert sich gerade ein Drittel der Mitarbeiter noch mit ihrem Arbeitsplatz.

Und jährlich grüßt das Murmeltier: Auch 2018 hat das Beratungsunternehmen Gallup wieder ermittelt, dass vier von fünf Mitarbeitern in deutschen Unternehmen sich ihrem Unternehmen kaum oder gar nicht emotional verbunden fühlen. 71 Prozent der Befragten gaben an, bei der Arbeit nur noch das Nötigste zu leisten. 14 Prozent (fünf Millionen) haben innerlich schon gekündigt.

Zwei Drittel haben keine Verbindung mehr mit dem, was sie mindestens acht Stunden am Tag tun, und sind innerlich emigriert. »Burn-out« ist längst ein Modewort in Deutschland. Es dauerte einige Zeit, bis in der öffentlichen Diskussion klar wurde, dass das Ausgebranntsein nicht Anzeichen von zu viel Arbeit, sondern vielmehr von Entfremdung ist. Wir haben keine Verbindung mehr zu dem, was wir tun, und fühlen uns ausgebrannt. Arbeitspsychologen und Rehabilitationskliniken haben Hochkonjunktur. Die westlichen Industriegesellschaften im Zustand der alltäglichen Massenneurose. Wir sehnen uns nach dem Wochenende. Samstagmorgens stellen wir dann fest, dass wir nicht abschalten können. Und montags geht der zermürbende Schrecken wieder los.

Die Liste der Klagen ließe sich beliebig fortsetzen. Unüberhörbar knirscht es im Gebälk unserer Organisationen. Die Unternehmensflure hallen wider vom Stöhnen und Seufzen der Führungskräfte und Mitarbeiter.

Wir haben uns die Defizite der bestehenden Organisationen zunutze gemacht, um uns vermeintliche Vorteile zu schaffen. Dabei übersehen wir, dass wir gleichzeitig daran kaputtgehen.

DIE ORGANISATION: EIN SCHLACHTFELD

Verantwortlich gemacht für diesen Alltagsirrsinn wird allzu oft die Organisation. Weil wir nicht gut organisiert sind, so in Verkehrung der Tatsachen der Irrglaube, weisen wir eine schlechte Profitabilität auf, denken und handeln wir in Silos und kommunizieren nicht ausreichend. Mitarbeiter, die nicht zusammenarbeiten? Anstatt die Zusammenarbeit zu verbessern oder unbequeme Personalentscheidungen zu treffen, gehen wir den scheinbar bequemeren Weg und bauen Organisationen um Menschen herum.

> **»Wenn die Logistik nicht endlich gut zusammenarbeitet, werde ich die Organisation umbauen.«**

CEO eines großen Mittelständlers

Eine Matrixstruktur, die allen Beteiligten den letzten Nerv raubt, weil unklare Verantwortlichkeiten an Schnittstellen für die Trägheit des Unternehmens verantwortlich gemacht werden? Anstatt zu akzeptieren, dass der erfolgreiche Verkauf unserer Produkte und Dienstleistungen drei relevante Ebenen zur Voraussetzung hat – eine regionale im Vertrieb, eine, die in der Produktion die Mitwirkung von Zentrale und Regionen braucht, und eine, die unser Geschäft überregional nach Produktlinien ordnet –, und darüber nachzudenken, wie wir die Interaktion

zwischen den Akteuren stärken, verteufeln wir die Matrixorganisation als Urheberin des Problems.

Bei der Jammerei über die Matrix verwechseln wir Ursache und Wirkung. Die Matrix ist nicht das Problem, sondern die mangelnde Fähigkeit zur übergreifenden Zusammenarbeit verbunden mit falscher Incentivierung.

Dann folgt ganz schnell der Ruf nach Umorganisation. Sie verspricht die Heilung von aller Pein, die uns den Alltag erschwert. An eine Umorganisation knüpfen wir die Erwartung, dass sich eine unscharfe Mischung aus ungelösten Personalthemen und mangelnder Zusammenarbeit auf einen Streich klärt.

Und warum heißt eine Umorganisation »Re-organisation«, wie bei der Sklerotec AG? Was bedeutet die Vorsilbe »re« (lateinisch: zurück) in diesem Zusammenhang: wohin zurück? Wo es doch nach vorne gehen soll! Die Steigerung der Reorganisation ist die »Restrukturierung«. Sie tritt, so hat es sich eingebürgert, in Aktion, wenn das Unternehmen bereits mit dem Rücken zur Wand steht. Geschäftsbereiche werden »zerschlagen«, Standorte veräußert und Abteilungen »umgehängt«. In wiederkehrenden Zyklen wird eine Holding eingeführt oder abgeschafft, regionale Verantwortung gestärkt oder rausgenommen, werden Marketing und Vertrieb zusammengelegt oder getrennt.

Der ganze Lärm wird mit der Maßgabe untermalt, 15 Prozent der Fixkosten einzusparen, denn »die gehen immer«. In einem sogenannten »Bottom-up-Ansatz« – da ist wieder das pseudodemokratische Zauberwort – stellt jede Abteilung und jeder Standort Einsparvorschläge zusammen. Das sind zumeist Ladenhüter, die nicht wehtun, soll heißen, möglichst nichts an der Organisation verändern. Das »Top«management – worauf sich »top« bezieht und was es heißt, weiß kein Mensch – erkennt diese Finte und setzt vorbeugend scharfe Berater ein. Die reiben sich die Hände wegen der in der Skalierbarkeit eines Restrukturierungskonzepts liegenden Marge, schließen sich in sogenannte »war rooms« im Unternehmen ein, passen die immer gleichen Restrukturierungskonzepte auf das jeweilige Unternehmen an und verkünden die Ergebnisse vor dem Vorstand in Form einer 100-Seitigen wiedergekäuten PowerPoint-Präsentation. Der Sündenbock für die darin steckenden unangenehmen Nachrichten für die Menschen in der Organisation delegiert der Vorstand auf die Berater, die ein entsprechend hohes Schmerzensgeld kassieren. Am Ende der Präsentation schwadronieren Vorstand und Berater etwas davon, dass nun der Betriebsrat noch »ins Boot geholt« werden muss. Dass Widerstände »gebrochen« werden müssen. Und natürlich müssen jetzt die Mitarbeiter »eingebunden« werden – das klingt nach »fesseln«. Zumeist erfahren die Betroffenen erst aus der Presse, dass und welche organisatorischen Veränderungen anstehen. Zur Umsetzung nicht fähig und zu teuer zieht die Beraterkarawane fröhlich pfeifend weiter zum nächsten Aufguss einer Restrukturierung.

Es geht martialisch in unseren Organisationen zu. Und das nicht nur während einer Reorganisation oder -strukturierung, sondern im ganz normalen Alltagswahnsinn. Zahlreichen

Untersuchungen zufolge verwenden Führungskräfte in Großunternehmen und Konzernen einen Großteil ihrer Arbeitszeit darauf, anzugreifen oder Angriffe auf ihre Position abzuwehren. Die Organisation ist ein Tummelplatz von Eitelkeiten und Einzelinteressen. Ihre Währung sind Kästchen, Linien, Titel, Funktionsbezeichnungen und Vergünstigungen wie Dienstwagen, Handys und Raumausstattungen. Auf dieser Plattform werden in taktischen Manövern individuelle Vorteile gegeneinander ausgespielt, Deals ausgehandelt und Positionierungen vorgenommen. Menschen sind im Organigramm »aufgehängt«, was mehr nach Todesstrafe als nach motivierter Zusammenarbeit klingt.

»Schmitz klaut meine Ideen. Er will damit seine Abteilung und seine Position als Abteilungsleiter legitimieren. Weil er weiß, dass die Abteilung eigentlich überflüssig ist. Die machen dort nichts. Aber ich werde mich mit allen Mitteln wehren.«

Führungskraft im mittleren Management

Gleichzeitig jammert die Unternehmensleitung darüber, dass die Motivation der Mitarbeiter nicht stimme, und bezeichnet gleichzeitig die Menschen im Unternehmen als »wichtigstes Asset« und »entscheidenden Erfolgsfaktor«. Das passt nicht zusammen und grenzt an Zynismus.

Die Organisation ist zur Arena der Missstände geworden. Von einer Organisation als Mittel zum Zweck, das dabei hilft, Zusammenarbeit zu verbessern und damit dem Kunden besser zu dienen, sind wir weit entfernt.

SPRACHMUSTER DER ALTEN WELT

Fällt Ihnen die Sprache auf, die wir in unseren Organisationen täglich verwenden?

Hinter der Sprache steckt ein Muster. Es ist das Sprachmuster des Krieges, der Abgrenzung, des Misstrauens, der Verantwortungslosigkeit und Geringschätzung.

Wir »zerschlagen«, »merzen Widerstandsnester aus«, »stecken Positionen ab«, sprechen von »Feinden in den eigenen Reihen«, »Angriff« und »Verteidigung«, von »aufrüsten« und »war rooms«. Unsere Laptops, die wichtigsten Werkzeuge im Unternehmensalltag, holen wir aus der »Waffenkammer« der Verwaltung, bevor wir in den Krieg ziehen. Wir teilen in Abteilungen und fragen: »Wer ist schuld?« Wir sichern Kontrolle und Macht über »disziplinarische Führung« und dadurch, dass wir Abstimmung einfordern.

Wir bedienen uns einer Sprache des Misstrauens und der Verantwortungslosigkeit, wenn wir von »Blockierern« der Veränderung sprechen, von feindlichem »Schulterschluss«, »Aufwiegelung der Mannschaft«, von »sich absichern müssen« und laufend das unpersönliche »man« verwenden. Wenn das Passiv die am häufigsten verwendete Sprachform ist, die wir in Sitzungen und Unternehmensfluren hören – »es wird geschrieben«, »man müsste mal« oder »es ist beabsichtigt, dass« –, dann ist dies ein Indiz dafür, dass sich keiner der Anwesenden verantwortlich fühlt. Und dass es klüger ist, in der Unverbindlichkeit abzutauchen und sich nach allen Seiten hin abzusichern.

Wir erleben eine Sprache der Geringschätzung, wenn die Rede von »den unteren Ebenen« ist, von »Bottom-up«-Prozessen, davon, dass »die das ruhig mal machen können« oder sie sich »die Zähne daran ausbeißen« sollen. Wenn Menschen als »Assets« oder als »Human Resources« bezeichnet und – wie bei Ressourcen üblich – verbraucht oder als Assets in der Bilanz abgeschrieben werden; wenn sie »um- oder aufgehängt« werden, dann sagt das viel über die Haltung aus, mit der wir uns Menschen in Organisationen nähern. Wir bemächtigen uns der Mitarbeiter, indem wir »auf sie zugreifen«.

Sprachforscher erklären, dass hinter einzelnen Worten, Redewendungen und Sätzen immer mehr an Bedeutung steckt, als es zunächst den Anschein hat. Ausgesprochene Worte und Ideen stecken in Denk- und Verhaltensmustern, die sich aus unseren Erfahrungen mit der Welt speisen – und mit denen wir diese wiederum prägen. Ungefähr so, wie der Satz »Der Vogel ist am Himmel« in uns ein Bild eines fliegenden Vogels mit ausgebreiteten Flügeln wachruft, obwohl da weder etwas von »fliegen« noch von »ausgebreiteten Flügeln« geschrieben steht. Wenn wir also Worte des Krieges und der Abgrenzung verwenden, zeigt das, wie wir die Wirklichkeit in unseren Organisationen selbstverständlich imaginieren. Diese Imagination folgt einer langen Prägung durch die Organisation. Zugleich tragen wir diese Prägung unreflektiert weiter.

Die Sprachmuster der täglichen Erfahrung in Organisationen wecken das Bild eines Schlachtfelds, auf dem der CEO als oberster Heeresführer wirkt. Es ist ein Sprachmuster des Kampfes um Sieg oder Niederlage. Arbeitende Menschen werden zu Objekten, wie der häufig verwendete Begriff »Humankapital« am deutlichsten zeigt: Es wird angelegt, investiert, in seinem Ertrag gesteigert oder verbraucht. Die Werte, die Mirko S. im Konferenzsaal der Sklerotec AG vorfand, wirken gegenüber dieser Realität wie blanker Hohn.

Wir können uns mit diesem Zustand abfinden und sagen: »Das liegt in der Natur der Arbeit.« Als Schmerzensgeld gibt es Geld, Wochenenden, Urlaub, Sabbaticals. Deswegen braucht es eine ausgewogene »Work-Life-Balance«: Maßnahmen, die eine Balance zwischen Arbeit und Leben herstellen sollen. Was so viel heißt wie: Arbeit ist nicht Leben, sondern was – Tod?!

Wir können uns aber auch fragen: Was ist da los? Da stimmt doch etwas nicht!

II NACHDENKEN

DIE DIAGNOSE

FRÜHER WAR GESTERN

Über 100 Jahre lang sind wir erfolgreich gewesen, wie wir uns organisiert haben. In der Industrialisierung beginnen wir, Unternehmen wie Maschinen zu organisieren. Frederik Winslow Taylor manifestiert in seinem 1911 erschienenen Werk *The Principles of Scientific Management* die funktionale Arbeitsteilung. Nur so lasse sich ein gut ineinandergreifender Arbeitsprozess mit einem Optimum an Produktivität von Arbeitern, Management und Material sicherstellen, sind Taylor und seine Zeitgenossen überzeugt. Taylor trennt die Planung und Kontrolle von der Ausführung der Arbeit. Arbeitstätigkeiten werden inhaltlich und zeitlich erfasst sowie normiert. Passend dazu schlägt Taylor Leistungsentgeltsysteme und den Gedanken der Kontrolle eines jeden Arbeitsschritts durch das Management vor. Besondere Aufmerksamkeit widmet er der Arbeitsvorbereitung, damit alle benötigten Ressourcen an Mensch und Material zur perfekten Zeit zur Stelle sind und keine Verzögerungen entstehen.

Die Grundprinzipien der funktionalen Arbeitsteilung, Normierung von Arbeitsschritten sowie der Trennung von Management und Arbeitsausführung sind bis heute prägende Merkmale unserer Arbeitsorganisation. Sinnbild dafür ist das Organigramm mit seiner funktionalen Ordnung von Vertrieb/

Marketing, Produktion, Verwaltung, seinen vertikalen Berichtslinien und einem pyramidalen Aufbau, an dessen Spitze der Chef steht, bei dem alle Entscheidungen zusammenlaufen. Wir setzen einzelne Arbeitsschritte zu Prozessen zusammen, beschreiben diese und definieren über eine »RACI«-Struktur die Pflichten der Prozessbeteiligten. Prozesslandkarten, Gantt-Charts, die noch heute in der Betriebswirtschaft gelehrten Gedanken einer Aufbau- und einer Ablauforganisation atmen unsere Organisationen neben den Sprachmustern des Krieges den Geist der Maschinenmetapher: Informationsfluss, Abteilungen, Skalierung, Re-Engineering und Downsizing, In- und Output.

Ein Beispiel für die ungebrochene Tradition des über 100 Jahre alten, von Taylor dominierten funktionalen Systems ist ein üblicher Auftragseingangsprozess bei Unternehmen, wie etwa der Sklerotec AG. Der Kundenauftrag wird durch den Vertrieb »hereingeholt« – gelegentlich ohne Rücksicht auf Produktionskapazitäten zu nehmen und ohne Rücksprache mit der Produktion. Kundenwünsche, was Termine und Preise betrifft, werden zugesagt, ohne zu wissen, ob die Zusage kostenseitig oder terminlich realisierbar ist: »Die Kröte wird geschluckt – verdaut wird sie später.« Im besten Fall melden Planungsabteilung oder Projektmanagement dem Vertrieb zurück, wann mit der Lieferung zu rechnen ist, und kalkulieren Maschinenzeiten und Ressourcen. Mit der Unterschrift unter den Kundenvertrag ist der Vertrieb raus aus dem Thema. Der im Nachgang für die Kundenbetreuung zuständige Kundendienst hat ebenso wenig Einblick in den Produktionsprozess wie der Vertrieb. Treten Verzögerungen oder ungeplante Fragen auf, was fast die Normalität ist, wird die fehlende Transparenz zwischen Produktion und Kundendienst offenkundig und der Kundenbeziehung zum Verhängnis. Oft ist der Kundendienst nicht in der Lage, dem Kunden Bericht zu erstatten oder gar eine Warnung über bevorstehende Verzögerungen oder Änderungen auszusprechen.

»Business Development zieht den Kunden an Land, schließt den Projektvertrag ab und schmeißt das Projekt über den Zaun. Wir müssen dann sehen, wie wir damit fertig werden.«

Projektmanager eines Pharmaunternehmens

Wenn etwas schiefläuft, also der Kunde feststellt, dass das Projekt wieder aus dem Ruder läuft, setzen die üblichen internen Schuldzuweisungen ein. Keiner versteht den Prozess in Gänze. Das Management, das den Projektablauf überwachen soll, weiß nicht, wo es ansetzen soll. Die Arbeiter denken: Die da oben spinnen. Die Vertriebler schimpfen auf die Produktioner, weil die engstirnigen Fachidioten es wieder nicht geregelt bekommen. Die Produktionsverantwortlichen klagen über den Vertrieb, der dem Kunden in seiner großspurigen Art das Blaue vom Himmel versprochen hat. Teure Flickschusterei setzt ein. Sogenannte Feuerwehreinsätze stehen an der Tagesordnung, bei denen die Produktion versucht, das Äußerste an Leistung aus der Organisation herauszuholen, und der Kundendienst versucht, den Kunden zu beschwichtigen. Am Ende bekommt der Kunde sein Ergebnis zu spät und irgendwie anders. Die Marge des Unternehmens ist angesichts der Flut von Schadensbegrenzungsmaßnahmen mehr als aufgebraucht; denn diese kosten Zeit, Geld und Ressourcen.

Ähnlich konstruiert ist der Reflex, mit dem wir reagieren, wenn Lücken und Probleme im Unternehmensablauf auftreten. Wenn etwas nicht funktioniert, gründen wir eine neue Abteilung oder schaffen neue Stellen. Mangelnde Innovation? Eine Innovationsabteilung muss her. Es steigen die Compliance-Anforderungen? Dann muss eine Compliance-Abteilung gegründet werden. Führungsprobleme? Wir setzen einen Personalvorstand ein. Kommunikationsprobleme? Da müssen Fachleute für interne Kommunikation her. Alle neuen Stelleninhaber sind ihrerseits bestrebt, ihre Existenzberechtigung unter Beweis zu stellen, indem sie neue Probleme finden und dafür Regularien und Bestimmungen schaffen. Auf diese Weise fragmentieren wir die Abläufe im Unternehmen weiter, steigern die alltägliche Komplexität ins Unermessliche und ersticken an dem, was wir selbst geschaffen haben.

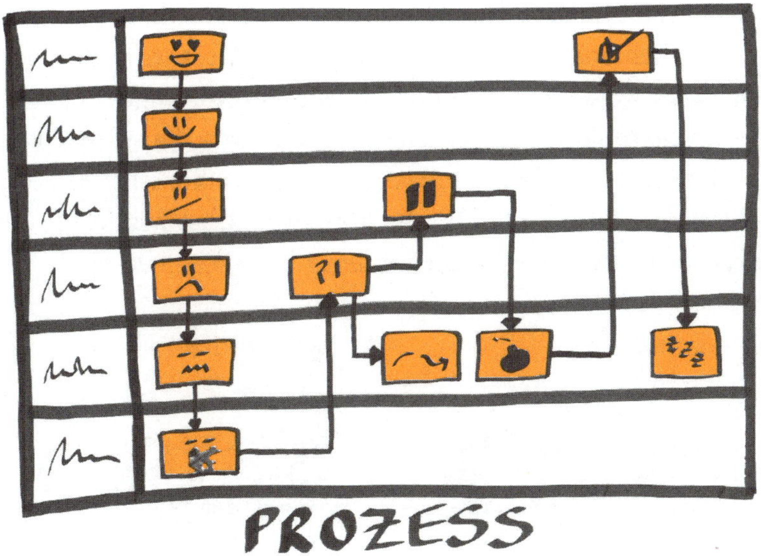

Der Gedanke, Arbeitsabläufe über Prozesse zu standardisieren, ist in den allermeisten Fällen zum Scheitern verurteilt.

Herkömmlicherweise ist es Aufgabe von Managern, Abläufe über Abteilungen hinweg zu organisieren. Es entsteht der Eindruck von hoher Komplexität, weil hohe gegenseitige Abhängigkeiten zwischen den Abteilungen bestehen, die organisatorisch in der erforderlichen Dichte von Abhängigkeiten nicht mehr abbildbar sind. Prozessbeschreibungen suggerieren, dass jeder, der einen Prozessschritt zu erfüllen hat, genau das und nichts anderes tut, was vorgesehen ist. Schon kleinste Abweichungen bringen den Ablauf durcheinander. Übergreifendes Denken und Handeln, durch Querdenken erzeugte Innovation und Kreativität in der Aufgabenerfüllung werden nicht nur nicht incentiviert, sondern verhindert, da sie die ohnedies nicht funktionierenden Abläufe zusätzlich stören. Der Manager des Prozesses ist verantwortlich für die perfekte

Abarbeitung und kontrolliert die Erfüllung in seinem Silo, ganz im taylorschen Sinne. Prozesse und deren Beschreibungen sind wie eine lineare Aneinanderreihung von Kettengliedern, bei denen die gesamte Kette nur so stark ist wie ihr schwächstes Glied: Wenn ein Glied schwach ist und nur ein Schritt anders ausfällt als vorgesehen, bricht die Kette. Alle nachgelagerten Schritte verlieren ihre Wirksamkeit.

Keine Frage: Durch die taylorsche Art, Unternehmen zu organisieren, haben wir in den vergangenen Jahrzehnten unerhörte Effizienzsteigerungen erlebt und grosso modo großen Wohlstand aufgebaut – was übrigens eines der Motive für Taylors Theorie war. Aber Praxis schlägt Theorie. Schon immer hat die Realität, zum Beispiel verändernde Kundenanforderungen oder Markterfordernisse, einem noch so gut durchdachten standardisierten Prozess ein Schnippchen geschlagen. Komischerweise will sich die bewegliche Realität der Kundenthemen fast nie an unsere Prozesse halten. Deswegen sind Prozessbeschreibungen überholt, bevor sie fertiggestellt werden. Oder werden nicht gelesen, weil sie sich als praxisuntauglich erweisen. Mitarbeiter fragen lieber ihre Kollegen, als dass sie sich durch unlesbare, komplizierte »Swim-lane«-Darstellungen von Prozessen kämpfen.

Starre Prozesse waren und sind Gift für die Zusammenarbeit über Aufgaben und Abteilungen hinweg. Sie lenken den Blick der Führungskräfte und Mitarbeiter auf den nächsten Schritt einer linearen Abfolge, statt das Ganze zu sehen und dafür aufmerksam zu sein, dass die relevantesten Aspekte der Zusammenarbeit zwischen den Kästchen eines Organigramms stattfinden.

Wachstum ist mit dieser Denk- und Handlungsweise nur in Marktumgebungen möglich, die statisch sind. Je höher der Veränderungsdruck gegenüber Geschäftsmodellen ist und damit hohe Anpassungen der Arbeitsabläufe erfordert, desto mehr erweist sich das prozessual-lineare Denken als hinderlich.

Die Probleme in unseren Organisationen und Abläufen sind untrügliche Anzeichen dafür, dass externe Bedingungen und interne Strukturen nicht zusammenpassen.

TREIBER DES HEUTE UND MORGEN

Die wachsende Unzufriedenheit hat in den letzten Jahren einen zusätzlichen gewaltigen Treiber bekommen. Alle Erscheinungsformen der Digitalisierung unserer Geschäftsmodelle und Arbeitswelt üben mächtigen Druck auf die Art aus, uns zu organisieren und wie wir zusammenarbeiten. Das beginnt bereits bei unseren Geschäftsmodellen. Hier und in der Folge verwende ich den Begriff Digitalisierung als Sammelbegriff für die Erscheinungsformen rund um die Digitalisierung von Arbeitsabläufen, Geschäftsmodellen durch Plattformlösungen, künstliche Intelligenz und Internet of Things, Big Data als neue Geschäftsmodelle, Industrie 4.0, auf Daten und Algorithmen beruhende 3-D-Druckverfahren etc.

Wenn die Marge nicht mehr in der Fertigung von Gütern liegt, sondern in einer Plattform, die dem Kunden die beste Lösung aus sich ergänzenden Produkten mehrerer Zulieferer zusammensetzt, bricht das Geschäftsmodell des Herstellers von Hardware ein. Die Marge liegt in einer leicht skalierbaren und softwarebasierten Plattform und nicht mehr rund um kapitalintensive Fertigungsanlagen. Ein griffiges Beispiel ist die Automobilindustrie, deren Marge in Zukunft nicht mehr in der Produktion von Fahrzeugen, sondern darin liegt, Mobilitätslösungen anzubieten. Oder die Musikindustrie, die mit Streaming zeigt, dass die Gegenwart und Zukunft von Musik nicht im Besitz und in der Herstellung von Tonträgern – CDs, Schallplatten, Kassetten – liegt, sondern im Zugang zu cloudbasierten Datenbanken. Wenn neue softwarebasierte Lösungen die Herstellung von Stückgütern in ihrer Wirkung ergänzen oder überholen, hat das alte Geschäftsmodell auf Dauer keine Zukunft mehr. Ein weiteres Beispiel ist die Messtechnik, deren jahrzehntelang hergestellten Hardwarekomponenten durch intelligente, selbstlernende Systeme ergänzt werden und damit den Kundennutzen in eine andere Dimension katapultieren.

Die E-Commerce-Plattformen bieten Vorteile in puncto Zugriff, Umtausch und Teilen von Gütern, Lösungen im Alltag, die kein Konsument mehr missen möchte: Einzelhandel über digitale Plattformen, Hotel- und Gastronomieplattformen wie TripAdvisor, Booking oder Airbnb, intelligente Mobilitätslösungen wie die Verknüpfung von öffentlichen Verkehrssystemen, privatem Verkehr und Carsharing, selbstlernende Navigationssysteme und Übersetzungsdienste wie deepL. Die sprunghaften Neuerungen der digitalen Entwicklungen passen aber noch nicht recht zusammen mit den analogen Rahmenbedingungen, wie die Paketdienste zeigen, die das durch E-Commerce ansteigende Paketaufkommen kaum noch bewältigen und die Innenstädte verstopfen.

Das wird sich in absehbarer Zeit ändern. So werden Retouren dadurch reduziert, dass zum Beispiel der E-Commerce-Kunde in Zukunft Kleidung durch künstliche Intelligenz so an seinen Körper anpassen kann, dass die Notwendigkeit zum Umtausch wegen falscher Passform deutlich nachlassen wird.

Der Wandel ins Digitale geht mit einer fundamentalen Veränderung unserer nochindustriellen Wirtschafts- und Gesellschaftsstruktur einher. Die tayloristisch/analoge Fertigung von Gegenständen, der wir in der Massenproduktion unseren Wohlstand zu verdanken haben, wird nachrangig. Wir transformieren uns mit wachsender Geschwindigkeit von einer Ökonomie der großen Zahl zu einer »postindustriellen Singularitätsökonomie« (Reckwitz). Im Zentrum der Ökonomie der großen Zahl befanden sich dingliche Güter, die in arbeitsteilig organisierten Matrixstrukturen produziert wurden, die standardisierte, formale Qualifikationen erforderten, austauschbare, vorgefertigte Gebrauchs- und Statusgüter hervorbrachten und Standardmärkte mit relativ planbaren Marktentwicklungen bedient. Heute und morgen entsteht eine Ökonomie, in der alle danach trachten, sich zu differenzieren, etwas Besonderes, Einzigartiges zu haben und zu sein. Güter brauchen eine flexible Spezialisierung. Kreative Arbeit ist en vogue und nimmt an Bedeutung rapide zu. Der Konsument wird zum Co-Kreativen, der das individuelle Produkt mitgestaltet, sich kuratierend aneignet. Vorreiter waren softwarebasierte Konfigurationssysteme, die es einem Autokäufer erlauben, viele Eigenheiten seines Fahrzeugs aus einem standardisierten Katalog zusammenzustellen. Es ist absehbar, dass dieser Trend zur Individualisierung von Konsum und Produktion deutlich zulegen wird. Die gesellschaftlichen Begleiterscheinungen dieser Umbrüche lassen sich in zunehmender Spaltung der sogenannten westlichen Gesellschaften in einer Polarisierung zwischen einfachen, repetitiven und herausfordernd komplizierten und kreativen Berufsbildern, niedrigem und hohem Bildungsstand sowie einer Polarisierung im politischen Bereich beobachten.

Die Digitalisierung beschleunigt schließlich die Transformation der alten Industrie- zu Dienstleistungsgesellschaften, die bereits seit zwei Jahrzehnten mit fortschreitender Automatisierung Einzug gehalten hat. Der Anteil der in Westdeutschland in der Industrieproduktion Beschäftigten ist zwischen 1950 und 2013 von 43 Prozent auf 25 Prozent, der in den USA zwischen 1952 und 2014, einschließlich Agrarsektor, von 47 Prozent auf 14 Prozent gesunken. Gleichzeitig ist jener der Dienstleistungsberufe von 32 auf 47 Prozent beziehungsweise in den USA von 53 auf 70 Prozent aller Berufe gestiegen, wie das Statistische Bundesamt feststellt. Die durch Digitalisierung gegebene Möglichkeit, zu jeder Zeit an jedem Ort zu arbeiten und seine eigenen Kompetenzen ohne eine feste Organisation auf dem digitalen Markt anzubieten, fördert neue Berufsbilder sowie neue Arbeitsstrukturen. Wir verändern die Art, uns zu organisieren und zusammenzuarbeiten, radikal.

Wirtschaft und Gesellschaft erfahren einen Umbruch im Zeitraffer. Wir durchleben ein bekanntes Phänomen in der Wirtschaftsgeschichte. Die eine Ordnung löst die andere ab. Wir erleben die Ablösung der Industriegesellschaft, die von Europa und den USA ausgehend gut 100 Jahre die Wirtschaftsordnung der Welt bestimmt hat. Einhundert Jahre sind nicht viel, bedenkt man, dass die Revolution von Information und Wissen durch die Einführung des Buchdrucks in Europa gut 500 Jahre gebraucht hat, bis sie Wirkung gezeigt hat. Die relative Kürze mag ein Indiz dafür sein, dass sich Innovationszyklen offenbar weiter zeitlich erheblich verkürzen werden. Wie immer in Umbrüchen ist die alte Welt noch eine Zeit lang wirkmächtig, bis die neue Welt komplett die Herrschaft übernimmt. Das ist für uns verwirrend und lässt uns unsere Gegenwart als volatil, unsicher, komplex und vieldeutig wahrnehmen. Übergangsphasen sind besonders herausfordernd für das Management. Die Sehnsucht nach dem Alten und Bekannten in Zeiten der Unsicherheit ist ein menschlicher Reflex. Aber ernsthaft zu glauben, die geschilderten Umbrüche gingen ohne grundlegende Neuordnung unserer Zusammenarbeit an uns vorbei, heißt, einer Illusion nachzuhängen. Beides wird zu bösem Erwachen führen. Beschäftigen wir uns also lieber damit, was wir aus dieser Frage machen können.

SPRACHMUSTER DER NEUEN WELT. BEGEGNEN

Folgende Situation: Im Eingangsbereich geht jemand an Ihnen vorbei, stockt, dreht sich um und fragt: »Willkommen bei uns in der Addmaning Gruppe. Wie kann ich Ihnen helfen?« Alina Müller, wie sie sich Ihnen vorstellt, ist Controllerin und Mitglied in einem Produktentwicklungsteam. Sie gehen gemeinsam durch helle, offen gestaltete Säle. Sie sehen Arbeitsgruppen an Stehtischen, die konzentriert an gemeinsamen Projekten arbeiten. In anderen Bereichen der Etage stehen Schreibtische einander gegenüber. In durch Glaswände abgesperrten Kabinen telefonieren Mitarbeiter oder halten Besprechungen zu zweit ab. Die wenigen Wände dienen zugleich als Schreibfläche. Bunte Post-it-Felder dehnen sich auf ihnen aus, die trotz ihrer Farbenvielfalt einer inneren Ordnung zu folgen scheinen. Auf einer größeren Fläche in der Mitte des nächsten Stockwerks sitzt eine Gruppe von Mitarbeitern auf Sitzkissen im Kreis auf dem Boden, Kaffeetassen in der Hand und plaudernd. »Dort ist unser Napping-Room«, sagt Alina Müller stolz und zeigt auf einen geschlossenen Bereich in der Ecke des Stockwerks. Eine Uhr hängt vor dem Eingang, die anzeigt, dass der Schläfer noch zehn Minuten lang eine der hinter dem Vorhang befindlichen Liegen belegt.

Über allen Sinneseindrücken liegt eine ansteckende Atmosphäre aus Neugier und Konzentration. Die Menschen, denen Sie begegnen, schauen Sie offen und wach an. Bei aller Flexibilität, so spüren Sie, liegt in der Luft etwas von Verbindlichkeit, ein unsichtbares Regelwerk, das Sie nur erahnen können.

Sie haben das Gefühl, sich mehr in einem lebendigen Organismus als in einer Organisation zu befinden.

Alina Müller führt Sie schließlich in einen verglasten Raum, in dem Ihre Gesprächspartner bereits auf Sie warten. Einige stehen um den großen Stehtisch und lehnen sich an, andere sitzen auf den bereitgestellten Barhockern. Auf dem Tisch stehen Körbe mit Obst und Nüssen. Während der Leiter des Kundenteams »Partnerschaft mit der Sklerotec AG« Sie in Empfang nimmt, verabschiedet sich Alina und geht zu ihrem Team.

Die Sklerotec AG ist Kunde bei der auf Additive Manufacturing spezialisierten Addmaning Gruppe. Hier entstehen individualisierte Massenprodukte aus 3-D-Daten, indem ein formloses Material Schicht für Schicht aufgetragen wird, bis das gewünschte Produkt vollendet ist. Die Sklerotec AG möchte Maschinenteile ihrer Anlagen durch 3-D-Druck-Verfahren in Metall herstellen, weil der klassische Herstellungsprozess durch Fräsen und Bohren sehr aufwendig ist und nicht die Präzision erreicht, die die Kunden der Sklerotec AG wünschen. Das Addmaning-Team hat Sie eingeladen, gemeinsam die Erwartungen an die Partnerschaft zwischen den beiden Unternehmen zu klären. Die Erwartungen des Kunden an das Arbeitsergebnis genau zu kennen und mit dem abzugleichen, was die Addmaning Gruppe leisten kann, helfe, Missverständnisse zu reduzieren, so der Leiter des Addmaning-Teams im vorbereitenden Telefonat. Sie sind gerne gekommen. So lernen Sie Ihren Zulieferer aus erster Hand kennen.

»Lassen Sie uns zunächst etwas zusammen ausprobieren«, schlägt Ihnen ein Teammitglied vor. Dessen Kernaufgabe ist die Kundenbetreuung, wie sich auf Nachfrage herausstellt. »Eine Abteilung Vertrieb haben wir nicht mehr. Wir machen alle Vertrieb«, erläutert er. »Wir bauen einen Prototyp und sehen dann, was wir aus Ihrer Rückmeldung und aus den Fehlern lernen können, die wir machen. Ich stelle mir das so vor …«, konkretisiert eine der Softwareentwicklerinnen im Team. Darum gebeten, erläutern Sie Ihre ersten Ideen zu dem gewünschten Ergebnis. »Welche Kompetenzen brauchen wir außer denjenigen, die wir hier bereits im Team haben, um diese Aufgabe zu erfüllen?«, fragt der Teamleiter offen in die Runde. Schnell haben sich alle darauf verständigt, dass es gut wäre, einen Controller für eine gewisse Zeit ins Team zu holen. So stellt das Team Kostentransparenz während des Projektablaufs sicher. Angesteckt von der lebhaften Diskussion und konstruktiven Atmosphäre, werfen Sie die Frage in die Runde: »Was ist mein Beitrag? Was kann ich zum Gelingen beitragen?« Das Team vereinbart die Errichtung eines cloudbasierten Informationskanals, über den es untereinander und mit Ihnen kommunizieren wird. Hier stellt es Zwischenstände und Projektfortschritte ein. Die Sklerotec AG stellt hier hinein Rückmeldungen von ihren Kunden und gibt laufend ihr Feedback in die Runde. Ihr Auftrag ist es, dafür zu sorgen, dass die relevanten Kollegen der Sklerotec AG in die Plattform eingebunden sind und mitmachen.

Ihnen fällt auf, dass keiner ein Protokoll anzufertigen scheint. Stattdessen schreiben alle Teammitglieder Stichworte auf vor ihnen liegende DIN-A5-Post-its, sobald nach Diskussion ein Entschluss gefasst oder ein Vorgehen besprochen wurde, das Zustimmung von allen findet. Die Teilnehmer kleben die Post-its auf ein Whiteboard in die Spalte »To do«. »Ich werde unsere Gedanken in einem Vorschlag für eine Vereinbarung betreffend unserer Partnerschaft zusammenfassen«, sagt Ihre Stehnachbarin, die aus dem Marketing zum Team gestoßen ist. Der Teamleiter bedankt sich bei allen, fasst die wichtigsten Erkenntnisse zusammen und fragt zum Schluss: »Was braucht ihr sonst noch, um eure jeweiligen Aufgaben zu erfüllen?« In einem Ton der Vertrautheit in Ihrem Beisein, als seien Sie längst Bestandteil des Teams. Vier Stunden intensiver Diskussion sind wie im Flug vergangen. Nach anderthalb Stunden hat das Team eine Pause gemacht. Es ist trotz des novemberkalten Tages in dem benachbarten Park spazieren gegangen. Auf dem Weg haben die zu Kollegen gewordenen Mitglieder Sie nach Ihren Hobbys gefragt und sich nach sonstigen Interessen erkundigt. »Wir verbringen viel Zeit in der Addmaning Gruppe; fast jeder von uns mindestens ein Drittel der Lebenszeit in einer Woche, meist mehr. Wir wollen Spaß an der Arbeit und mit den Menschen haben, mit denen wir so viel kostbare Zeit verbringen. Dazu gehört, dass wir uns auch menschlich ein wenig kennen und austauschen«, erklärt der Teamleiter.

Bei der Verabschiedung fällt Ihnen ein wandgroßes Kunstgebilde auf der gegenüberliegenden Seite des Besprechungsraums ins Auge, in dem sich das Team getroffen hat. Es besteht aus rund hundert einzelnen emaillierten Kacheln, die unterschiedlich bemalt und beschrieben sind, in der Gänze aber ein farbenprächtiges Mosaik ergeben. »Auf diese Weise haben wir vor zwei Jahren unsere Werte der Zusammenarbeit entwickelt und dargestellt. Unsere zehn Werte werden durch konkrete Dos and Don'ts illustriert, die wir im Alltag beherzigen. Ist zwar kein Picasso, aber doch ein schönes Kunstwerk geworden, oder?«, erklärt ein Teammitglied. Sie können diesen Eindruck nur bestätigen und machen mit Ihrem Smartphone ein Foto des Kunstwerks.

Sie fühlen sich nach diesem halben Tag als Teil des Teams und fahren mit einem großen Vertrauen zur Sklerotec AG zurück. Dieser Auftrag ist in besten Händen.

SPRACHMUSTER DER NEUEN WELT. AUSDRÜCKEN

Sie haben auf die Sprache geachtet, die das Team der Addmaning Gruppe verwendet.

Hinter der Sprache steckt ein Muster. Es ist ein Sprachmuster der Eigenverantwortung und Selbstdisziplin, des Zutrauens, der Wertschätzung und Offenheit, die die neue Welt auszeichnet.

»Ich übernehme die Aufgabe.« »Welchen Beitrag kann ich leisten?« Das ist eine Sprache der Eigenverantwortung. Wer so etwas sagt, hat Freude an dem, was er tut, will hinzulernen und steht für das, was er oder sie sagt. Es schwingt Selbstdisziplin bei der Kollegin mit, die sich angeboten hat, die Ergebnisse zusammenzufassen. Es ist nämlich klar, dass die Vereinbarung mit der Sklerotec AG zügig abgeschlossen werden sollte. Das Team steht schließlich in den Startlöchern. Es braucht keine Meilensteine und Excel-Tabellen, die genau protokollieren, wer was bis wann macht. Die höchste Form der Verbindlichkeit ist erreicht, wenn eine Kollegin im Wissen um die Dringlichkeit die Aufgabe übernimmt. Auf sie kann sich das Team verlassen.

»Was braucht ihr, um die Aufgabe zu erfüllen? Welche Kompetenzen brauchen wir sonst noch im Team?« Der Teamleiter signalisiert Zutrauen. Er braucht keine Aufgaben zu verteilen, da die Teammitglieder diese von selbst übernehmen. Er benennt das Ziel und überlässt dem Team den Weg dorthin. Er weiß, dass Zutrauen die intensivste Form der Selbstverpflichtung auslöst.

Der Teamleiter bedankt sich am Ende bei allen. Durch die Anerkennung der Teamleistung drückt er seine Wertschätzung aus. Er hebt den Spaß an der Arbeit hervor, ebenso wie die höchstmögliche Übereinstimmung zwischen dem, was Teammitglieder tun, und das, wer sie sind.

»Auszuprobieren«. Lernerfahrungen aus Fehlern untereinander auszutauschen. Kritisches Feedback des Kunden als unverzichtbaren Bestandteil der Produktentwicklung anzuerkennen. Den Kunden als Partner zu sehen. Transparenz zum Kunden hin zu leben, ja den Kunden in das Team zu integrieren, bevor ein Vertrag unterschrieben ist. All das sagt: Nur zusammen können wir die beste Lösung erarbeiten. Diese Offenheit prägt die Zusammenarbeit in der neuen Welt. Die Tatsache, dass kluge und durchdachte Fragen die Diskussion leiten, signalisiert, dass der Teamleiter nichts mit den vielen kleinen und großen Chefs der Sklerotec AG gemeinsam hat, sondern vor allem eines weiß: dass er Antworten nicht kennt. Er ahnt vielleicht die Antwort, ist sich allerdings über deren Richtigkeit nicht im Klaren und weiß, dass das Team gemeinsam zu einer besseren Antwort kommen wird. Eine offene Frage wie »Was braucht ihr, um die Aufgabe zu erledigen?« regt an zum Nachdenken, bringt das Gegenüber dazu, sich der Aufgabe erneut klar zu werden, und erzeugt Kreativität.

Das Sprachmuster der neuen Welt könnte sich nicht stärker von dem der alten Welt unterscheiden.

SPRACHMUSTER DER NEUEN WELT. VERHALTEN

In Sprachmustern tritt geprägtes Verhalten zum Vorschein. Das Kachelmosaik, das Ihnen beim Abschied von der Addmaning Gruppe ins Auge gefallen ist, versucht, das Verhalten explizit zu machen, dem zu folgen sich das Unternehmen vorgenommen hat. Das Mosaik ist eine Arbeit aller Mitarbeiter des Unternehmens, was sich in der Vielfalt der Gestaltung widerspiegelt: Jede Kachel ist ein Unikat. In der Gesamtheit ergibt sich ein lebendiges Bild, das einen vorgegebenen Rahmen – den zur Verfügung stehenden Raum an der Wand – füllt und in fünf Leitlinien der Zusammenarbeit bei der Addmaning Gruppe unterteilt ist.

Nach diesem Tag voller Eindrücke kommen Sie nach Hause und setzen sich mit einer Stulle und einem Tee auf Ihr Sofa. Sie schauen sich das Foto des Kachelmosaiks näher an und lesen die

»Zehn Werte der Zusammenarbeit der Addmaning Gruppe:

1. Bei unseren **Entscheidungen** und Priorisierungen leiten uns unsere Strategie und unsere Werte statt blinder Aktionismus.
2. Wir hören zu, **kommunizieren** überlegt, klar und über verbindliche Kanäle, statt unbedacht loszuplappern.
3. Wir konzentrieren uns auf die **Wirkung** unseres Handelns und auf **Ergebnisse** statt auf Prozesse.

4. Wir **lernen** kontinuierlich und leisten Beiträge außerhalb unserer Fachgebiete, statt uns im Spezialistentum einzumauern.
5. Wir nehmen uns Zeit, um zu **vereinfachen**, statt Komplexität zuzulassen.
6. Indem wir intelligente Risiken eingehen und sagen, was wir denken, beweisen wir **Mut**, statt hinter dem Rücken anderer zu reden.
7. Mit unserer **Lust auf Leistung** stecken wir andere an, statt uns mit Mittelmaß zufriedenzugeben.
8. **Ehrlichkeit** heißt für uns, zu Fehlern zu stehen und nur das über andere zu sagen, was wir ihnen direkt sagen würden, statt übereinander zu reden und nach dem Schuldigen zu fragen.
9. Wir arbeiten in **Teams**, weil es mehr Spaß macht und weil wir wissen, dass die Intelligenz der Vielen bessere Ergebnisse bringt als die Einsamkeit des Einzelkämpfers.
10. In unserem Handeln haben wir den **Erfolg des Ganzen** der Addmaning Gruppe vor Augen, und nicht die Optimierung unseres Egos.

Wir suchen Menschen aus, die diese Werte mit uns teilen. Wir trennen uns von solchen, die sie nicht teilen. Mit denen, die zu uns passen, ersetzen wir eine Kultur der Prozessgläubigkeit durch eine Kultur des Freiraums, der Selbstdisziplin und Eigenverantwortung.«

Sie realisieren, dass Sie sich beim Lesen konzentrieren müssen. Jedes Wort scheint abgewogen, diskutiert und bewusst ausgewählt zu sein. Hinter jeder Aussage stecken unüberhörbar gute und kritische Erfahrungen der Autoren in unterschiedlichen Arbeitszusammenhängen. Die Selbstverständlichkeit, mit der alle Teammitglieder der Addmaning Gruppe Eigenverantwortung übernehmen, durchzieht die Werte, ohne dass das Wort Eigenverantwortung inflationär verwendet werden muss. Dadurch vermeiden die Werte Wortblasen und werden verbindlich. Die Verneinung am Ende eines jeden Werts erhöht die Verbindlichkeit: Zu oft haben Sie bei der Sklerotec AG erlebt, dass bei Strategieentwicklungen alle Beteiligten engagiert waren, als es darum ging, zu beschreiben, was in Zukunft alles neu getan werden soll. Als mühsam bis unmöglich stellte sich heraus, explizit zu machen, was wir nicht mehr tun werden.

Jeder Wert ist unterlegt mit Dos and Don'ts, also dem, was die Mitarbeiter in Zukunft im Alltag tun oder unterlassen, weil es diese Werte der Zusammenarbeit gibt. So lesen Sie folgende Übersetzung des zehnten Werts »Erfolg des Ganzen« auf Einzelkacheln:

Don'ts: Informationen bewusst zurückhalten; Ideen von anderen als seine eigenen ausgeben; den eigenen Arbeitsbereich verteidigen, auch wenn klar ist, dass dieser nicht mehr gebraucht wird, um unsere gemeinsamen Ziele zu erreichen.

Dos: Sich Zeit nehmen, um Kollegen zu unterstützen; sich trennen von Themen, die wir lieb gewonnen haben, die aber nicht mehr zu unseren Zielen passen.

Besonders gefällt Ihnen der letzte Absatz der zehn Werte. Ihnen wird klar, dass mangelnde Konsequenz bei Personalentscheidungen eine der Ursachen dafür ist, dass die Arbeitskultur bei der Sklerotec AG so unerträglich geworden ist. Sie denken an bestimmte Vielredner in Meetings, die offenkundig eigene Inkompetenz durch Wichtigtuerei überspielen. Aus Angst vor der offenen Auseinandersetzung werden diese immer wieder eingeladen und über Jahre im Unternehmen akzeptiert. Ganze Organisationseinheiten wurden bei der Sklerotec AG um Blockierer herum gebaut – was der Organisation eine Komplexität bescherte, die zur Bewegungslosigkeit geführt hat.

Ihnen wird klar, wie sehr diese Sprache von der abweicht, die Sie aus Ihrem Unternehmensalltag kennen. Aufweckende, positive Worte wie »anstecken«, »Lust« und »Spaß« sind Worte, die Sie im Zusammenhang mit Ihrem Unternehmensalltag so gar nicht hören. Im Gegenteil. Arbeit und Spaß schließen sich aus – so lautet unmissverständlich die unterschwellige Botschaft Ihres beruflichen Alltags. Hinter Begriffen wie »bewusst kommunizieren«, »verbindlich« und »konzentrieren« entdecken Sie eine Art zu handeln, die erst gut nachdenkt, bevor sie loslegt. So ganz das Gegenteil zum aus Panik geborenen Aktionismus, der Ihnen in der Sklerotec AG vertraut ist, etwa wenn mal wieder die Quartalszahlen nicht mit den Planungen übereinstimmen. Dann muss sofort »gehandelt« werden, die Schlagzahl des Vertriebs erhöht, Kekse radikal eingespart oder die Planung so verändert werden, dass es beim nächsten Quartalsbericht nicht wieder ein so böses Erwachen gibt.

Nachdem Sie eine Zeit lang über die Werte nachgedacht und sich den Nachmittag erneut vor Augen geführt haben, wird es Ihnen schlagartig klar:

Wenn eine Organisation diese Werte der Eigenverantwortung und lebendigen Teamarbeit lebt, dann braucht sie keine Hierarchien, Abteilungen und Prozesse.

Am nächsten Morgen fragt Sie der Vertriebsvorstand, ob Sie sich vorstellen könnten, die Aufgabe des Koordinators der Entwicklung einer Idee zur mittel- bis langfristigen Entwicklung des Geschäftsmodells der Sklerotec AG zu übernehmen. Der Vorstand habe beschlossen, dass das Unternehmen neben »Leap Forward« auch eine inhaltliche Antwort auf die Digitalisierung seines Geschäftsmodells braucht. Sie überlegen nicht lange: Der Besuch bei der Addmaning Gruppe hat viele Fragen bei Ihnen geweckt, die Sie tief beschäftigen, wie Sie spüren. Erfreut sagen Sie spontan zu. Auch wollen Sie mehr darüber erfahren, wie sich die Werte einer Addmaning Gruppe konkret in die eigene Arbeitsorganisation übertragen lassen.

EINE NEUE SPRACHE LERNEN

EIN VOKABULAR FÜR DIE NEUE WELT ZUM ERGÄNZEN

ALTE WELT	NEUE WELT
Wir sollten uns das Vorgehen absegnen lassen.	Was braucht ihr, um eure Aufgabe zu erledigen?
Ich muss mich absichern.	Lasst es uns gemeinsam ausprobieren.
Abteilen in Abteilungen.	In wechselnden Projektteams arbeiten.
Aktionismus ohne Orientierung.	Was hält uns zusammen? Wohin wollen wir?
Wir müssen klare Ansagen machen.	Ich nehme mir die Aufgabe.
Schnelle Antworten suchen.	Kluge Fragen stellen.
Über doppelte Berichtslinien stöhnen.	Spaß an der Arbeit in wechselnden Teams haben.
Wir erfahren es als Letzte.	Transparenz schaffen, die Zugriff auf Information ermöglicht.
Ich weiß es. Jetzt müssen wir nur noch die Mitarbeiter ins Boot holen.	Ich weiß es nicht. Was meint ihr?
Wo ist mein Kästchen?	Ich traue dir das zu.
Es ist alles so komplex!	Worauf kommt es an?
Der Kunde steht im Mittelpunkt.	Den Kunden in Teams integrieren.
Man müsste mal …	Ich mache.
Wer muss im Meeting vertreten sein?	Wer kann den besten Beitrag leisten?
Greife nicht auf meine Mitarbeiter zu!	Welche Kompetenzen brauchen wir?
Die Organisation läuft heiß.	Was ist wichtig? Was tun wir nicht mehr?

ALTE WELT	NEUE WELT
Wir suchen die perfekte Lösung.	Wir entscheiden uns für den im Moment sinnvollsten Weg.
Einem Plan folgen.	Anpassungsfähig sein, ohne die Richtung zu verlieren.
Wir müssen endlich die Prozesse in den Griff kriegen.	Sich gemeinsam Regeln geben, danach handeln und darüber reflektieren.
Wir versuchen, linearen Prozessen zu folgen.	Wir interagieren permanent.
Die muss raus!	Passen wir noch zu dir?
Wir brauchen endlich wieder Ruhe im Unternehmen.	Wir verstehen uns als Organismus im ständigen Wandel.
Wir müssen endlich Verantwortlichkeiten an Schnittstellen klären.	Wir arbeiten in cross-kompetenten Teams.
Wer ist schuld?	Was lernen wir daraus?
Wir müssen Widerstände brechen!	Was ist euer Vorschlag?
Dem Wissen des Einzelnen folgen.	Die Intelligenz der Vielen nutzen.
Ich bin nicht zuständig.	Was kann ich zum Gelingen des Ganzen beitragen?
...	...
...	...

III 1 TUN
ANSTÖSSE FÜR DIE PRAXIS

▶ Zutrauen, Eigenverantwortung und Selbstdisziplin in Teamarbeit statt Hierarchie, Berichtslinien, standardisierte Prozesse und klassisches Projektmanagement. Diese Logik haben Sie bei der Addmaning Gruppe beobachten können. Eine ehemalige Studienkollegin, der Sie über Ihre Eindrücke und Ihre bevorstehende Aufgabe berichtet haben, macht Sie auf den »Transformationskreis« an Ihrer ehemaligen Hochschule aufmerksam. Einer Ihrer früheren Professoren, den Sie wegen seiner Praxisnähe mochten, hat ihn ins Leben gerufen. In diesem sogenannten »Transformationskreis« treffen sich Führungskräfte, die in ihren Unternehmen und Organisationen für die Transformation eines etablierten Unternehmens in eine nach Eigenverantwortung und Selbstorganisation ausgerichtete Organisationsform verantwortlich sind. Der Kreis trifft sich zweimal im Monat an einem Freitagnachmittag für vier Stunden. Neben dem Erfahrungsaustausch stellen sich die Teilnehmer gegenseitig relevante wissenschaftliche Erkenntnisse sowie praxiserprobte Modelle vor und diskutieren darüber. Als besonders reizvoll empfinden sie, dass sich hier Verantwortliche aus ganz unterschiedlichen Branchen sowie zivilgesellschaftliche Akteure treffen, wie große Nichtregierungsorganisationen, karitative Einrichtungen oder Stiftungen. Es begegnen sich also sehr unterschiedliche Perspektiven. Und doch, so stellen Sie bald fest, sind die Herausforderungen sehr ähnlich.

Schon bei Ihrer ersten Teilnahme wird Ihnen klar, dass Sie hier sehr viele Anregungen mitnehmen können. Sie erfahren Wesentliches zu den neuen Arbeitsformen und saugen die Informationen wie ein Schwamm auf.

DIE NEUE ZUSAMMENARBEIT IST NICHT NEU ...

Selbstorganisierte Teams sind kein neues Phänomen. Es ist davon auszugehen, dass die Ursprünge dieser Ordnungsform in der Vorgeschichte der Menschheit liegen. Wir halten uns an den Organisationspsychologen Eric Tist. Der Mitgründer des Tavistock Institute for Research in London beobachtet in den späten 1940er-Jahren, dass Kohleminen in South Yorkshire eine deutlich höhere Produktivität aufweisen als benachbarte Minen. Bei näherem Hinsehen entdeckt er, dass die Minenarbeiter in South Yorkshire sich selbst organisieren. In crosskompetenten Teams wechseln sie nach Bedarf ihre Rollen und Aufgaben. So arbeiten Sprengmeister, Räumer, Sicherer und Bergmänner Hand in Hand und können in wechselnden Schichten Kohle rund um die Uhr abbauen. Ihre streng arbeitsteilig organisierten Kollegen in anderen Minen müssen oft auf die Räumer und Sicherer warten, nachdem der Stollen freigesprengt ist und bevor sie den Rohstoff bergen können; diese haben aber womöglich entweder keine Schicht oder sind gerade in einem anderen Stollen unterwegs. In den 1970er- und 1980er-Jahren werden partizipative Organisationsmodelle bei Toyota in Japan, bei Volvo in Kalmar und bei FedEx erfolgreich implementiert. Der amerikanische Großmarkt C&S kann zu Beginn der 1990er-Jahre dank sich selbst managender Teamorganisation in seinen Lagern erhebliche Kostenvorteile gegenüber seinen Wettbewerbern erzielen.

Mit der Steigerung der Bedeutung von Informationstechnologie und Datenverarbeitung verbreiten sich fortan selbstorganisierende und dynamische Ordnungsprinzipien zunehmend. Programmierer und Software-Architekten machen die frustrierende Erfahrung, dass der Gedanke, ein Softwaresystem komplett vom Ende her zu denken, in der Praxis nicht umsetzbar ist. In der Theorie beschreibt der Kunde in einem Lastenheft möglichst präzise seine Anforderungen an eine Softwarelösung für sein Problem. Der Dienstleister legt auf dieser Grundlage in einem Pflichtenheft präzise fest, wie er die Anforderungen des Kunden zu lösen gedenkt. Wenn der Auftraggeber das Pflichtenheft akzeptiert, beginnt der Dienstleister mit der planvollen Erarbeitung der Lösung. In der Praxis führt dieses Vorgehen in den seltensten Fällen zum Erfolg. Der Kunde kann im Vorhinein oft gar nicht wissen, wie die Lösung aussieht, die er braucht; zumindest nicht in dem durch die geschilderte Logik geforderten Detaillierungsgrad. Laufend fortschreitende Marktveränderungen und Rahmenbedingungen verändern zudem kontinuierlich die Anforderungen an die Lösung.

Vor dem Hintergrund dieses Dauerdilemmas zwischen sich ständig verändernder Realität und dem vergeblichen Versuch, sich mit statischen Konstruktionen dagegenstemmen zu wollen, veröffentlichten 2001 Programmierer des Silicon Valley das *Agile Manifesto*.

In diesem Dokument traten die Autoren dafür ein, die Qualität der Zusammenarbeit von Individuen über wirkungslose Prozesse und Instrumente zu stellen. Der Gedanke der ständigen Weiterentwicklung von Software tritt an die Stelle eines fixen Enddatums des Projekts, das in eine Abschlussdokumentation mündet. Kontinuierliche Zusammenarbeit mit dem Kunden und loslegen statt langwieriger Verhandlungen um den Kundenvertrag; iterative Annäherung an die Lösung statt ausgefeilter Pläne. Die in dem Manifest dokumentierte Ar-

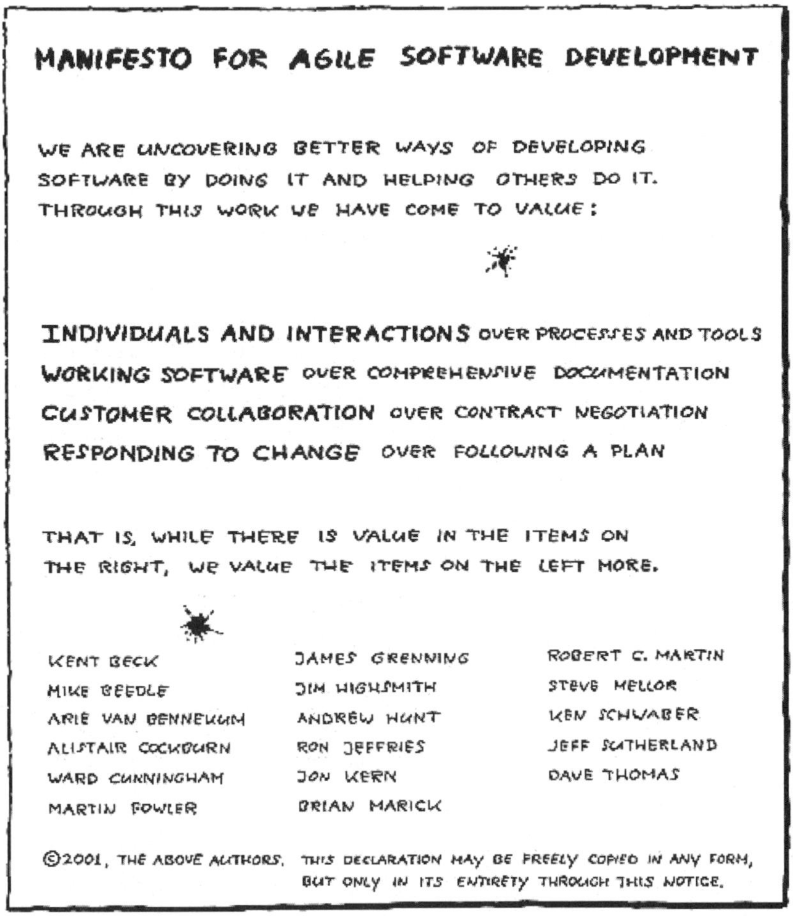
MANIFESTO FOR AGILE SOFTWARE DEVELOPMENT

WE ARE UNCOVERING BETTER WAYS OF DEVELOPING SOFTWARE BY DOING IT AND HELPING OTHERS DO IT. THROUGH THIS WORK WE HAVE COME TO VALUE:

INDIVIDUALS AND INTERACTIONS OVER PROCESSES AND TOOLS
WORKING SOFTWARE OVER COMPREHENSIVE DOCUMENTATION
CUSTOMER COLLABORATION OVER CONTRACT NEGOTIATION
RESPONDING TO CHANGE OVER FOLLOWING A PLAN

THAT IS, WHILE THERE IS VALUE IN THE ITEMS ON THE RIGHT, WE VALUE THE ITEMS ON THE LEFT MORE.

KENT BECK
MIKE BEEDLE
ARIE VAN BENNEKUM
ALISTAIR COCKBURN
WARD CUNNINGHAM
MARTIN FOWLER
JAMES GRENNING
JIM HIGHSMITH
ANDREW HUNT
RON JEFFRIES
JON KERN
BRIAN MARICK
ROBERT C. MARTIN
STEVE MELLOR
KEN SCHWABER
JEFF SUTHERLAND
DAVE THOMAS

©2001, THE ABOVE AUTHORS. THIS DECLARATION MAY BE FREELY COPIED IN ANY FORM, BUT ONLY IN ITS ENTIRETY THROUGH THIS NOTICE.

beitsweise nutzt Erkenntnisse aus Fehlern und Irrwegen für Verbesserungen. Diese Arbeitsweise glaubt nicht an die Linearität von Entwicklungen, sondern beruht auf der Überzeugung, dass Entwicklung in Schleifen und in Hochs und Tiefs vonstattengeht. Sie akzeptiert Unvorhergesehenes und nimmt Unsicherheit als gegeben hin.

Das *Agile Manifesto* stellt einen Frontalangriff auf die taylorsche Form der Organisation dar, wonach Entwicklung in statischen Schritten stattfindet und Aufgaben voneinander abgrenzbar sind. Es bildet den Startpunkt für die Suche nach neuen Ansätzen zur Strukturierung von Organisationen.

... UND KEIN ALLHEILMITTEL

Agile Arbeitsformen sind in der Praxis dann *sinnvoll* und zielführend, wenn wir nach Innovationen suchen, Kreativität wecken oder Lösungen für offene Fragestellungen und Aufgaben finden wollen, die anfangs nicht bekannt sind. Sie entfalten ihre größte Wirkung unter sich stets verändernden Rahmenbedingungen und Ergebnisanforderungen. Ein Beispiel dafür sind sich schnell verändernde Markterfordernisse und hoher Innovationsdruck im Bereich Fast Moving Consumer Goods. Idealerweise ist eine enge Zusammenarbeit mit Endnutzern möglich.

Agile Arbeitsformen sind dort *nicht sinnvoll*, wo Anforderungen und Zielsetzung von vornherein klar sind, zum Beispiel bei standardisierten Produktionsabläufen von identischen Massengütern. Sie verfehlen ihre Wirkung, wenn Probleme in strenger Arbeitsteilung, in getrennt voneinander arbeitenden Funktionen bearbeitbar und Arbeitspläne entsprechend und verbindlich gestaltbar sind.

In einigen Wirtschaftsbereichen befinden sich agile Arbeitsformen bereits durchgängig in der Anwendung oder sind empfehlenswert; zum Beispiel in der Software- oder Medienindustrie oder in inhaltsgetriebenen Organisationen wie Nichtregierungsorganisationen und Thinktanks. In anderen Wirtschaftsbereichen ergänzen agile die klassischen Arbeitsweisen. So zum Beispiel im Maschinen- und Anlagenbau, wo das noch wirtschaftlich tragende Kerngeschäft über Linienproduktion und damit in tayloristisch-hierarchischer Prozessstruktur erfolgt. Gleichzeitig werden Innovationen über agile Zusammenarbeit gewonnen. Durch den Vormarsch individualisierter Massenproduktion werden klassische Arbeitsweisen zunehmend durch agile ersetzt, wie das Beispiel der Addmaning Gruppe zeigt.

In der Zukunft dominieren agile Arbeitsformen unsere Organisationen. Die Gegenwart bildet eine Übergangsphase, in der verschiedene Arbeitskulturen unter einem Dach leben. Jedes Unternehmen muss seinen eigenen Weg finden und sich solche Elemente agiler Arbeitsweisen zu eigen machen, die es voranbringen.

Im Laufe der kommenden Treffen des Transformationskreises besprechen die Mitglieder einzelne Bausteine agilen Arbeitens. Mit der Zeit wird Ihnen klarer, was konkret hinter dem Anspruch steckt, stärker selbstorganisiert zu arbeiten.

ANSTÖSSE FÜR DIE PRAXIS

Cross-kompetente Teams statt Abteilungen

Nicht funktionierende Matrixorganisation, ständige Abstimmungsschwierigkeiten an Schnittstellen von Funktionen und wirkungslose Prozessbeschreibungen lassen sich durch selbstorganisierte cross-kompetente Teams überwinden. Scrum stellt die gängigste Form der Teamzusammenarbeit dar.

Jedes Team ist für ein Produkt oder für einen Kunden verantwortlich und identifiziert sich mit dieser Verantwortung. Das Team übernimmt ein klar definiertes Thema mit einem klaren Ziel und einem zeitlichen Endpunkt. In den Teams arbeiten Vertriebler, Produktioner, Controller und Kunden zusammen an der Produktentwicklung oder am Kundenprojekt. Das Team sitzt gemeinsam in einem physischen oder interagiert in einem virtuellen Raum.

Idealerweise zeichnet sich jedes Teammitglied durch vier Eigenschaften aus: Es ist neugierig, offen, unvoreingenommen gegenüber den Ideen der anderen und kann Kritik ertragen und damit leben, dass die eigene Idee – und mag sie noch so sensationell erscheinen – mit guten Argumenten abgelehnt wird. Es ist nicht darauf angewiesen, dass ihm eine höhere Autorität sagt, was zu tun ist. Es ist in der Lage, sich selbst zu organisieren, und zeigt hohe Selbstdisziplin in operativen Fragen.

Ein Beispiel: Schon in der Angebotsphase gestalten Kunde, Vertriebler und Produktioner gemeinsam eine Vereinbarung. Das Team fragt ab und dokumentiert, welche Erwartungen Kunden und Dienstleister aneinander haben. Es macht den Erwartungsabgleich zum Bestandteil der Vereinbarung mit dem Kunden. Das vermeidet Missverständnisse und kostspieliges

Nacharbeiten, die die Marge drücken. Der teaminterne Controller achtet darauf, dass ein für alle Seiten fairer Preis ausgehandelt wird, und verabredet eine Finanzberichterstattung, die allen Beteiligten jederzeit und transparent Einblick in den Kostenverlauf gibt.

Nicht alle im Team werden zu jeder Zeit in gleichem Maße gebraucht. So wird der Vertriebler nach Vertragsunterzeichnung weniger vonnöten sein und kann seine Zeit in einem anderen Team einbringen. Gleichwohl bleibt er Mitglied des Teams, lernt Fortschritt und Hürden bei der weiteren Entwicklung kennen und gibt diese Lernerfahrung an andere Teams weiter.

Scrum: Squads, Tribes und Chapters jenseits der Softwareindustrie

Scrum versucht die in jeder Organisation bestehenden Erfordernisse von standardisierten Abläufen, Aufgabenteilung und laufenden Abstimmungserfordernissen in eine Form der institutionalisierten Interaktion zu übersetzen. Ursprünglich aus der Softwareindustrie kommend, versuchen sich Unternehmen aller Branchen an diesem Modell und machen sich Elemente zu eigen, die sie bei ihren Fragestellungen weiterbringen.

Im Zentrum steht ein *Squad*, ein sich selbst steuerndes, selbstorganisiertes und cross-funkionales Team, das wie oben beschrieben arbeitet und von einem Teamleiter (»product owner«) koordiniert wird. Nach Erledigung der vordefinierten Aufgabenstellung löst es sich auf oder übernimmt eine neue Aufgabe, die in der bewährten Zusammensetzung bestmögliche Ergebnisse zu erzielen verspricht.

In einem *Tribe* sind mehrere Squads zusammengefasst, die an ähnlichen Fragestellungen arbeiten. Ein Beispiel für einen Tribe wäre der Bereich Private Banking oder Immobilienwirtschaft in einer Bank. Ein »Tribe Lead« leitet gemeinsam mit den Teamleitern der Squads aus der Unternehmensstrategie Ziele und Prioritäten ab, die für diesen Bereich orientierungsgebend sind. Er stellt Budget und Rahmenbedingungen für die Arbeit der Squads im Tribe sicher. Die Tribes tragen alle drei Monate ihre Ergebnisse zusammen und achten darauf, dass die erzielten Fortschritte ein vergleichbares Qualitätsniveau haben. Bezeichnet ein Squad bereits eine inkrementelle Verbesserung eines bestehenden Produkts als »Innovation«, während ein anderer Squad eine komplett neue Servicedienstleistung als Innovation ansieht, so ist es Aufgabe des Tribe-Treffens, ein einheitliches Verständnis von dem zu erarbeiten, was das Unternehmen unter einer Innovation versteht.

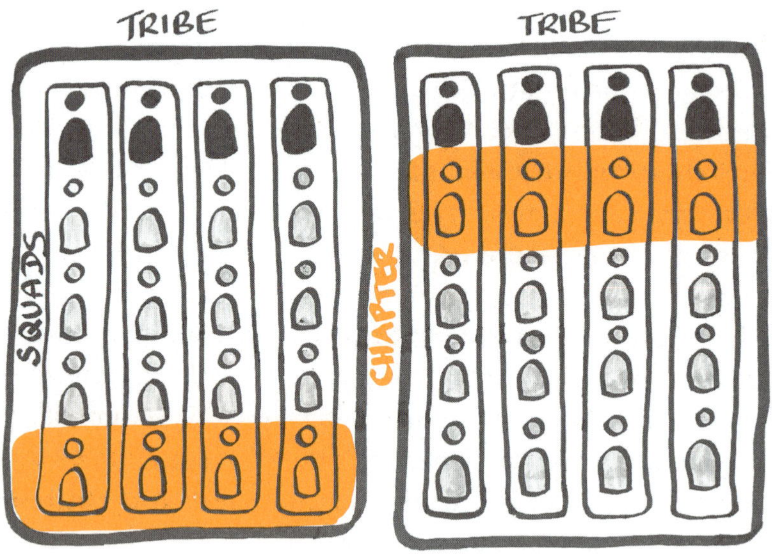

Mitglieder der Squads, die über dieselben Kompetenzen verfügen wie Vertriebler oder Controller, treffen sich in informeller Form als *Chapter*, um sich gelegentlich über ihre Erfahrungen bei der Arbeit in den Squads auszutauschen und diese weiterzugeben. Ein »Chapter Lead« begleitet die Mitglieder als Coach und ist verantwortlich dafür, dass Best-Practice-Ansätze festgehalten und verbreitet werden.

Ein »Agile Coach« steht allen Squads zur Verfügung, um agile Arbeitsweisen zu trainieren und in Konfliktfällen, die der Squad nicht lösen kann, zu unterstützen.

In kleinen Einheiten zu agieren, die Projekte vom Ende her zu denken, cross-funktional zu arbeiten und zu denken ersetzt zeit- und energieaufwendige Abstimmungen zwischen Funktionen in einem Organigramm.

Von inkrementellen zu übergeordneten Zielen

Statt wie im klassischen Projektmanagement operative Ziele und Meilensteine festzulegen und daran Fortschritte abzulesen, leitet das Team ein übergeordnetes Ziel des Projekts ab und verabredet, sich diesem in iterativen Schleifen anzunähern.

Übertragen auf ein Unternehmen würde dies bedeuten: Statt der Ergebnisse des vergangenen Jahres nimmt das Unternehmen eine Analyse des Marktes und seine eigene Positionierung darin zum Ausgangspunkt für übergeordnete Ziele des nächsten Jahres: Wenn es die Nummer drei oder vier im Markt ist, fragt es, was es tun muss, um die Nummer eins zu werden. Wenn es die Nummer eins ist, fragt es, was es tun muss, um diese Position auszubauen.

> Am Beispiel des chinesischen Hausgeräteherstellers Haier lässt sich das Vorgehen illustrieren. Das Unternehmen ist in 4000 einzelne Subunternehmen aufgeteilt, die als eigenständige Teams zusammenarbeiten. Jedes Team, das direkt mit Kunden zusammenarbeitet, hat nicht nur die Aufgabe, Produkte und Dienstleistungen zu verkaufen, sondern Ökosysteme um die Produkte herum zu entwickeln. Die Teams haben sich entsprechende Ziele selbst gesetzt und lassen sich daran zum Ende eines Geschäftsjahrs messen. Auf diese Weise hat Haier eine App entwickelt, die es Studenten in China ermöglicht, Slots für die Nutzung von Waschmaschinen in Studentenwohnheimen zu reservieren und über diese App die Bezahlung vorzunehmen. Die von neun Millionen Endnutzern frequentierte App hat Haier für andere Anbieter geöffnet, die über diese Plattform ihre Produkte und Dienstleistungen verkaufen – mit einer Lizenzgebühr für Haier. Ein Musterbeispiel für ein einträgliches Plattform-Ökosystem eines ursprünglich klassisch produzierenden Herstellers von Hardware.

Aus der Vereinbarung mit dem Kunden leitet das Team einen groben Zeit- und Budgetrahmen und die erforderlichen Kompetenzen ab, die im Team abgebildet sein sollten. Es definiert, mit welchem Projektteil es beginnt, und verteilt Aufgaben unter sich. Der Teamleiter stellt sicher, dass die Rahmenbedingungen, wie Budget, Zeitrahmen und notwendige Kompetenzen vom Unternehmen, beigesteuert werden.

Teamziele mit individuellen Entwicklungszielen verbinden

In tayloristisch organisierten Unternehmen vereinbart – im besten Fall – die Führungskraft mit dem Mitarbeiter individuelle Jahresziele und verfolgt den Arbeitsfortschritt des Mitarbeiters auf dem Weg zur Erreichung der Ziele. Nur er hat den Überblick, wie die Ziele aller Mitarbeiter einander ergänzen, um – ebenfalls im besten Fall – ein gemeinsames Ziel zu erreichen.

In agilen Arbeitsformen leiten sich Teams eigenständig Teamziele aus dem übergeordneten strategischen Ziel ab. Sie reden dazu nicht mit dem Teamleiter, sondern zunächst mit ihren Kollegen und loten aus, was genau sie kurz-, mittel- und längerfristig erreichen wollen. Sie informieren den Teamleiter über ihre Ziele, machen diese auf Whiteboards auf den Fluren des

Unternehmens sichtbar und tragen sie in eine für alle einsehbare virtuelle Datenbank ein.

Die Transparenz der Ziele und ihres unterschiedlichen Erreichungsgrads in den verschiedenen Teams sorgt dafür, dass sich Teams, die Probleme bei der Abarbeitung haben, angespornt fühlen, besser zu werden. Solche, die gut vorankommen, bieten Nachzüglern Unterstützung an, damit die Erreichung des Gesamtziels nicht gefährdet ist. Die über Transparenz ausgelösten intrinsischen Kräfte ersetzen den Vorgesetzten, der die Einhaltung der Ziele über Befehl und Kontrolle sicherzustellen versucht – und das erheblich wirkungsvoller.

Eine kollektive Verfolgung von Zielen ersetzt nicht individuelles Feedback, das den Einzelnen motiviert. Jedes Teammitglied ernennt einen Kollegen oder den Teamleiter als Mentor und vereinbart individuelle Entwicklungsziele. Dabei kann es um das Erlernen einer Software, um eine Ausbildung zum Moderator oder um den Mut gehen, eigene Ideen zu entwickeln und in das Team einzubringen. Einmal im Jahr machen Mentee und Mentor diese Vereinbarung zum Gegenstand eines Entwicklungsgesprächs: »Habe ich meine Vorhaben umsetzen können?« »Wenn nein, warum nicht?« »Habe ich Fortschritte im Sinne der mir selbst gesetzten Ambition erreicht? Woran mache ich das fest?« »Welche Entwicklung habe ich als Mentor bei meinem Mentee beobachtet?« »Welche Konsequenzen ziehe ich, Mentee, aus den Beobachtungen für meine Entwicklung in den kommenden zwölf Monaten?« »Welche Empfehlungen gebe ich, Mentor, meinem Mentee für die kommenden zwölf Monate?« Individuelle Entwicklungsziele werden Gegenstand von Erwartungen aneinander, die Mentor und Mentee vereinbaren. Diesen Erwartungsabgleich machen sie zum Gegenstand eines ausführlichen Jahresgesprächs. Darin analysieren sie, ob und wieweit die Erwartungen erfüllt sind, was die Gründe für Nichterfüllung sind und was beide daraus lernen.

Kluge Fragen statt rascher Antworten

Wie nähern wir uns einem unbekannten oder einem Thema an, das in hohem Maße durch Unsicherheit geprägt ist? Wie regen wir Diskussionen an, die zügig echten Mehrwert bringen?

Den Gegenstand der Diskussion sauber zu definieren und sichtbar aufzuschreiben steht am Anfang der Übung. Das kann eine Beobachtung sein, die zwar von hoher Relevanz für das Geschäft sein könnte, deren Bedeutung aber noch nicht ganz fassbar ist: ein Unternehmen, das aus Torf Substrate für die Blumen- und Gemüseindustrie produziert und feststellt, dass in Ballungsgebieten Salate und Kräuter in Nährflüssigkeiten und über Lichteinstrahlung, also ganz frei von Erde, zum Wachsen gebracht werden; ein Medienunternehmen, das beobachtet, dass die klassische Zeitung auf lokaler oder regionaler Ebene zwar gute Renditen abwirft, auf überregionaler Ebene aber durch die Digitalisierung von Informationen in die Bedeutungslosigkeit zu versinken droht; ein Pharmaunternehmen, das realisiert, dass die eigenen Forschungsaufwendungen enorm hoch sind, zugleich aber immer seltener Blockbuster-Medikamente entstehen, weil Generika längst das Feld der Pharmaindustrie in Besitz nehmen und die Marktwirkung von transparenten Forschungsverbünden über Unternehmen hinweg, unabhängigen Forschungseinrichtungen und Start-ups zunimmt.

Wir rufen eine Gruppe von Menschen aus dem Unternehmen zusammen, die unterschiedliche Perspektiven auf das

Thema einbringen. Dabei achten wir darauf, dass auch solche Kollegen dabei sind, die weit weg vom Thema arbeiten, sich aber durch besondere Neugier auszeichnen. Der Moderator stellt das Thema in zwei Minuten dar und benennt die Beweggründe für die Themenwahl. Zu Beginn stellt er eine Regel zur Diskussion auf: Erlaubt sind nur Fragen, keine Antworten, Statements oder auch Vorbemerkungen zu Fragen, die diese einleiten oder zu rechtfertigen suchen. Die Moderation achtet strikt auf die Einhaltung dieser Regel und unterbricht die Diskussion gegebenenfalls.
Zum Auftakt stellt der Moderator die Frage: »Welche Gefühle und Gedanken löst die Fragestellung bei Ihnen aus?« Jeder Teilnehmer antwortet nicht länger als zehn Sekunden. In den nächsten vier Minuten sammelt der Moderator so viele Fragen wie möglich; je überraschender und provokativer, desto besser. Die überraschendsten 15 Fragen schreibt er auf ein Flipchart.

Aus den 15 Fragen wählt die Gruppe fünf aus, die neue, bislang unbekannte Herangehensweisen auf das Thema eröffnen, und bringt die fünf Fragen in einen kausalen Zusammenhang. Dies gelingt am besten über drei Fragen: »Warum erscheint Ihnen die ausgewählte Frage relevant?« »Warum ist die Begründung, die Sie für die Relevanz der Frage gegeben haben, wichtig?« »Welche Frage braucht die Antwort aus den vorangegangenen?« Aus der Frage, die auf diese Weise an oberste Stelle gelangt, entwickelt die Gruppe einen Vorgehensvorschlag dafür, wie das neue Thema erschlossen oder das Problem gelöst werden könnte.

Am Schluss dieses Vorgehens kann für den Substrathersteller die Entscheidung stehen, eine qualifizierte Liste relevanter Start-ups zu erarbeiten, die hydroponische Pflanzenanzuchtsysteme zum Geschäftsmodell haben, um möglicherweise Beteiligungen zu erwerben. Das Medienunternehmen entschließt sich, in einen Medienverbund auf überregionaler Ebene einzutreten, der eine gemeinsame digitale Plattform schafft. Das Pharmaunternehmen prüft, inwieweit es seine Forschungsaktivitäten über Crowd Innovation nach außen hin öffnet oder sich an Biotech-Start-ups beteiligt, die innovative Themen vorantreiben.

Entscheiden im Konsent statt Befehl oder Basisdemokratie

Wie trifft das Team Entscheidungen, wenn sich der Teamleiter als derjenige versteht, der dem Team zwar die Rahmenbedingungen zum Handeln gibt, aber nicht selber entscheidet? Zumal es innerhalb des Teams keine Hierarchie, sondern unterschiedliche Perspektiven gibt, aus denen heraus es eine Sachlage betrachtet und bewertet.

Entscheiden im Konsent steht auf zwei Pfeilern, deren Gültigkeit alle Teammitglieder teilen. Erstens richten wir unsere Entscheidungen strikt an unseren Zielen aus, die wir uns gemeinsam gegeben haben: »Welche Entscheidung wird uns bei der Erreichung unserer Ziele besser unterstützen?« Zweitens gibt es keine für den Einzelnen perfekte Entscheidung. Bei der anstehenden Entscheidung geht es nicht um die perfekte Lösung, sondern um die im Moment sinnvollste im Sinne unserer Zielerreichung.

Ein Teammitglied bringt einen Vorschlag oder eine Entscheidungsempfehlung in die Runde ein. Nach kurzer, intensiver Diskussion kommt es zur Abstimmung. Es gibt drei Voten:

- »Go« = Zustimmung;
- »Ok« = ich finde die Entscheidungsempfehlung zwar nicht richtig, kann damit aber leben, wenn sich die Mehrheit dafür entscheidet;
- »Ko« = ich habe einen schwerwiegenden Einwand.

Vor einem »Ko«-Votum prüfe sich der Einzelne sorgfältig: »Behindert oder beeinträchtigt uns diese Empfehlung bei der Verfolgung unserer gemeinsamen Ziele?« Wenn ich das Votum

»Ko« nach reiflicher Überlegung abgegeben habe, fragt das Teammitglied, das die Moderatorenrolle übernommen hat, mich nach einer Begründung für das Votum. Es fragt ferner, was das Team an der Empfehlung ändern könnte, damit ich für ein »Ok« stimme. Wenn es zu keiner Einigung kommt, bin ich dazu aufgerufen, für die nächste Teamsitzung selbst eine Empfehlung auszuarbeiten, die alle geäußerten Argumente berücksichtigt und das gemeinsame Ziel bestmöglich fördert. Vielleicht finde ich in der Tat ja noch eine bessere Lösung, die das Team nicht gesehen hat.

Sollte es in der Folgerunde keine Übereinkunft geben, entscheidet die Moderatorin nachvollziehbar und unter transparenter Abwägung aller Vor- und Nachteile. Sollte sich dieser Vorgang dreimal mit demselben Teammitglied bei anderen Entscheidungen wiederholen, stellt der Teamleiter in einem Vieraugengespräch mit ihm fest: »Offenkundig passen unsere Ziele nicht mehr zu deinen.« Der Teamleiter legt dem Mitglied die Trennung vom Team nahe.

Sprints ersetzen herkömmliches Projektmanagement

An die Stelle von klassischem Projektmanagement mit vordefinierten Projektphasen und umfangreichem Monatsreporting über den Status tritt organisches Wachstum von Projekten.

Das Team konzentriert sich darauf, Prioritäten in der Bearbeitung des Projekts festzulegen, mit denen es startet. Die Prioritäten überprüft es laufend. Während der Projektbearbeitung treten Sonderfragen und Probleme auf. Diese werden in einem Logbuch gesammelt, das allen Kollegen im Unternehmen über eine zentrale Kommunikationsplattform zugänglich ist. Die Sonderfragen und Probleme, zu deren Bearbeitung sich keiner bereit erklärt, scheinen erwiesenermaßen nicht prioritär oder gar entscheidend für die Erreichung des Ziels zu sein.

Dann legt das Team los und erarbeitet schnell einen ersten Prototyp einer Lösung. Dieser Prototyp, das »minimum viable product«, zeichnet sich dadurch aus, dass es nicht bis zum Ende durchdacht ist. Ein Bis-zum-Ende-Durchdenken birgt die Gefahr zu übersehen, was dem Kunden wichtig ist. Oder welche äußerlichen Veränderungen eingetreten sind, die das Team in der laufenden Entwicklung der Lösung bedenken sollte. Der Prototyp geht früh in den Markt oder an den Kunden im Team. Dieser gibt sein Feedback. Das Team ordnet das Feedback, macht Lerneffekte explizit und legt die nächsten Schritte fest. Auf diese Weise irrt sich das Team Schritt für Schritt auf dem Weg zu einer Lösung nach vorne, die zur Anforderung des Kunden passt.

Den Fortschritt in der Projektbearbeitung macht das Team auf Klebezetteln sichtbar, die in drei Kategorien auf einem Whiteboard hängen: »priorisierte Aufgaben«, »noch zu tun«, »erledigt«. Eigene Teammitglieder wie solche anderer Teams sind auf diese Weise jederzeit über den Projektstand informiert und können sich in die Diskussion einbringen oder von den Lernerfahrungen für ihre eigene Arbeit profitieren.

Teamzusammenarbeit einschätzen

An die Stelle individueller Ziele und Leistungsoptimierung treten Teamziele und Teamleistung.

Das Team erarbeitet Werte der Zusammenarbeit. Die zehn Werte der Addmaning Gruppe auf Seite 52 f. geben Ideen. Auf Präzision in der Sprache zu achten und knapp zu bleiben erhöht die Wirkung solcher Werte. Das Team entwickelt Dos and Don'ts zu jedem Wert. Darüber werden die Werte in den Alltag übersetzt: »Was machen wir ab morgen anders, weil es die Werte gibt?« »Was tun wir nicht mehr, weil es die Werte gibt?« Dos and Don'ts geben den Werten den notwendigen Konkretisierungsgrad.

Alle drei bis sechs Monate ermittelt das Team den Stand der Zusammenarbeit anhand des Teammonitors. Jedes Teammitglied trägt für sich den Grad der Einlösung der einzelnen Werte auf einer Skala von eins bis vier ein: »Aus meiner Sicht leben wir den Wert ›in hohem Maß‹, ›ordentlich‹, ›weniger‹, ›gar nicht‹.« Der Teamleiter gleicht die Ergebnisse ab, stellt größere Abweichungen in den Bewertungen fest und vergleicht das Ergebnis mit denen der vorangegangenen Einschätzungen.

Das Team diskutiert folgende drei Fragen: »Wie erklären wir uns die Abweichungen in der Einschätzung?« »Warum gibt es beim Wert xy einen besonders hohen Ausschlag nach oben oder unten?« »Welche Lehren ziehen wir daraus für unsere Zusammenarbeit in den nächsten drei bis sechs Monaten?« Ein Teammitglied hält die Verabredungen fest und ruft sie bei der nächsten Anwendung des Teammonitors in Erinnerung.

Alle zwei Wochen führt das Team eine einstündige moderierte und vertrauliche Retrospektive durch. Dabei denkt es über die jüngere Vergangenheit und das eigene Verhalten an-

hand folgender Fragen nach: »Was hat gut funktioniert in der Teamarbeit, was nicht so gut?« »Was ist unser Beitrag/Nutzen für das Unternehmen? Was wäre anders, wenn es uns nicht gäbe?« »Wo liegt unser größter Zeit- und Energieaufwand? Ist dieser an der richtigen, also erfolgsentscheidenden Stelle unserer Projektarbeit allokiert?«

Gute Zusammenarbeit auf Distanz leben

In global aufgestellten Unternehmen sitzen die Teammitglieder nicht an einem Ort, sondern sind über ein Land oder die ganze Welt verteilt. Wie gelingt es, in dieser Konstellation Kontakt, Verbundenheit und Teamspirit aufzubauen und zu halten?

In einem zwei- bis dreitägigen persönlichen Auftakttreffen stellen sich die Teammitglieder einander ausführlich vor. Sie nehmen sich Zeit, sich kennenzulernen, haben genügend Freiraum für Gespräche bei Spaziergängen, bei gemeinsamem Kochen und Essen sowie gemeinsamen Freizeitaktivitäten. Das Team erarbeitet sich Werte der Zusammenarbeit, verabredet Arbeitsweisen und gibt sich ein strategisches Zielbild und übergeordnete Ziele, an deren Erreichung es in den nächsten sechs bis zwölf Monaten arbeiten will. Diese Treffen finden ein- bis zweimal im Jahr statt. Mithilfe des Teammonitors reflektiert das Team ab dem zweiten Treffen über seine Zusammenarbeit in einem längerfristigen Zeithorizont.

Virtuell oder telefonisch (Skype) trifft das Team je nach Bedarf ein- oder zweimal im Monat in einem virtuellen Stand-up-Meeting zusammen, um sich über laufende operative Themen zu verständigen: »Wie kommen wir voran?« »Wo hakt es in der Bearbeitung?« »Was brauchen wir, um unseren Zielen näher zu kommen?« »Welches sind die wichtigsten nächsten Schritte?« Hier ist Platz für kurze Retrospektiven über die Teamarbeit. Die Ergebnisse werden in Stichworten protokolliert und in der Informations- und Kommunikationsplattform eingestellt.

In einer verlässlichen cloudbasierten Kommunikationsplattform finden sich alle für das Team relevanten laufenden Informationen wie auf einem virtuellen Whiteboard. Sie sind klar geordnet nach Kunden, Projekten, allgemeinen und übergeordneten Informationen. Die Plattform lädt dazu ein, Erfahrungen auszutauschen, die für andere Teammitglieder interessant sind. Über thematisch klar zugeordnete Chaträume werden bilaterale Themen geklärt. Es gibt strukturierte Ablageorte für Dokumente – wie die Unternehmensstrategie, die Werte der Zusammenarbeit des Teams –, die für alle Teammitglieder jederzeit greifbar sind. Die Nutzung der Plattform unterliegt Regeln, die sich das Team gegeben hat: »Wozu und wie nutzen wir die Plattform?« »Wie strukturieren wir sie?« »Woran halten wir uns?« »Welche Information gehört in welchen Kanal?« Über die fortwährende Relevanz und Einhaltung der Regeln reflektiert das Team im Rahmen der virtuellen Standups alle sechs Wochen.

In über Distanzen hinweg zusammenarbeitenden Teams kommt der Teamleitung eine besondere Rolle zu. Sie stellt sicher, dass das Team auf sachlicher und menschlicher Ebene gut zusammenarbeitet. Auf der sachlichen Ebene achtet sie auf die Einhaltung verabredeter Zeiten, macht das Team darauf aufmerksam, was es bereits erreicht hat und was nicht, fasst Ergebnisse explizit zusammen und wird dabei unterstützt von einem (wechselnden) Teammitglied, das die Ergebnisse dokumentiert. Auf der menschlichen und gruppendynamischen Ebene ermuntert sie zur Offenheit, moderiert Konflikte, spricht Spannungen offen an und zeigt Wege heraus auf, teilt Beobachtungen und fordert Feedback ein.

Meetings besser machen

Eine Ursache für die überbordende Meetingflut in unseren Unternehmen liegt in mangelnder Disziplin in der Vor- und Nachbereitung und Durchführung von Meetings. Fast noch wichtigere Ursachen für den Missstand finden sich in maßlos vernachlässigten Antworten auf die Fragen: »Wozu brauchen wir ein Meeting?« »Was wollen wir dort besprechen und was nicht?« Um die Effektivität und die Effizienz von Meetings sieht es düster aus.

Meetings sind ihrem jeweiligen Zweck entsprechend in vier Kategorien eingeteilt. Die Kategorien haben jeweils unterschiedliche Formate, fordern unterschiedliche Zusammensetzungen und haben unterschiedliche Abläufe zur Folge.

Die erste Kategorie von Meetings widmet sich strategischen und übergeordneten Fragen und Entscheidungen sowie offenem Brainstorming. Diese Kategorie findet in ein- bis zweitägigen Klausuren statt, die Raum für Diskussion und Ausprobieren lassen.

Zweitens: Brainstorming, Ideensammlung oder Entscheidungstreffen. Diese Meetings haben ein konkretes Thema zum Gegenstand, das vorher an die Teilnehmer kommuniziert wurde. Das kann ein »Kluge Fragen«-Treffen sein, ein »Entscheidung-nach-Konsent«-Treffen oder eines, bei dem Sie Ideen austauschen. Die Teilnehmer werden ohne Rücksicht auf Zuständigkeit und Hierarchie danach ausgewählt, ob sie einen originellen Beitrag zu diesem Thema leisten können. Bei einem Konsent-Treffen sind alle da, die für die Entscheidung notwendig sind. Alle Teilnehmer haben sich sorgfältig vorbereitet und hatten ausreichend Zeit dazu, sodass die Gruppe sich auf die Diskussion konzentrieren kann.

Bevor aber die Gruppe in die Diskussion einsteigt, empfiehlt sich eine kurze Besinnung. Der Moderator bittet zu Beginn um kurze Geschichten der Teilnehmer, die diese in den letzten Arbeitstagen oder -wochen erlebt haben. Die Geschichten sollten von Erlebnissen mit Kunden oder Partnern handeln.

> So berichtet ein Teilnehmer von der Mitarbeiterversammlung eines Kunden, die in einer großen Werkshalle stattfindet. Alle Plätze sind belegt. Er geht in den hinteren Bereich der Werkshalle und setzt sich auf eine leere Palette. Nach

kurzer Zeit kommt ein junger Arbeiter aus einem Nebenraum und bringt ihm einen Stuhl. Diese eine Geste sagt mehr aus über die Kultur des Unternehmens, als es jede Sonntagsrede der Chefetage vermag. Ein anderer Teilnehmer berichtet erfreut von einem Geschenkkorb für seinen Hund, den ihm ein dankbarer Kunde überreicht hat, nachdem die beiden sich über ihre Hunde ausgetauscht hatten.

Die Gruppe dokumentiert das Ergebnis des Meetings und die getroffenen Entscheidungen und macht sie unternehmensweit zugänglich.

Drittens: Klärung von laufenden operativen Fragen oder Überprüfung der Prioritäten, die das Team für die Projektbearbeitung festgelegt hat. Diese verlegt das Team in sogenannte Stand-ups, zu denen es sich zu einer feststehenden Uhrzeit stehend vor einem Whiteboard trifft. Auf dem Board sind er-

ledigte (»done«), zu erledigende (»to do«) und noch offene Aufgaben in Form von Klebezetteln in drei Feldern visualisiert. Das Team spricht sich ab, was am Tag noch zu erledigen ist. Das Treffen dauert nicht länger als 15 Minuten. Die Stand-ups sind öffentlich. Jedes Mitglied aus einem anderen Team kann zuhören oder ein Thema aus einem anderen Team einbringen, das diesem auf den Nägeln brennt und wozu es einen Input braucht. Reibungsverluste durch Abstimmungsschleifen entfallen.

Viertens: Reiner Informationsaustausch und -weitergabe findet ausschließlich über einen verlässlichen und virtuellen internen Informationskanal statt, zum Beispiel Slack oder Yammer. Hier stellt jedes Team nach Unterkanälen geordnet seine relevanten Informationen ein, die für das gesamte Unternehmen einsehbar sind. Vorausgesetzt, alle Beteiligten füllen den Kanal kontinuierlich und diszipliniert, verwandelt dieses Vorgehen die »Bringschuld« in der internen Kommunikation und im Informationsaustausch in eine Holaufgabe eines jeden Mitarbeiters. Ergänzt wird dieser Meetingzweck durch jährliche oder halbjährliche Mitarbeiterversammlungen, bei denen neben der Informationsweitergabe Mitarbeiter Zusammengehörigkeit durch gemeinsames Feiern erleben.

Gehaltsmodelle agil arbeitender Unternehmen

Nach agilen Arbeitsformen agierende Organisationen suchen ihre eigenen Wege im Umgang mit den heiklen Themen Gehalt und variable Gehaltsbestandteile (»Boni«). Klassische Gehaltssysteme versuchen, Gehaltsentscheidungen über hochkomplizierte, detaillierte Analysen zu pseudoobjektivieren. Eine ganze

Beratungsbranche lebt von der Entwicklung und dem Vertrieb komplexer Gehalts- und Anreizsysteme. Hier steht der Aufwand durch Steigerung von Komplexität in einem schlechten Verhältnis zum Ertrag. Denn trotz filigranster und vermeintlich objektiver Entscheidungskriterien in solchen Systemen fühlen sich Gehaltsempfänger »ungerecht« behandelt, und die Diskussion um »gerechte Gehälter und Boni« ebbt nicht ab.

»Unser Vergütungssystem ist so kompliziert, dass selbst unser Personalbereich es mir nicht erklären konnte, als ich hier angefangen habe.«

Vertriebsmitarbeiter eines Maschinen- und Anlagenbauers

Beispiele agil organisierter Unternehmen zeigen, dass die aktive Mitwirkung der Beteiligten an der Gehaltsfrage quälende Gehalts- und Gerechtigkeitsdiskussionen deutlich abmildern kann.

> Mitarbeiter eines agil arbeitenden Handelsunternehmens beantworten einmal im Jahr zwei Fragen über ihre Kollegen: »Kollegin X trägt mehr oder weniger als ich zum Erfolg unseres Teams oder des Unternehmens bei«, auf einer Skala von plus drei bis minus drei. Auf einer Skala von eins bis fünf: »Die Kollegin X kann meinen Beitrag aufgrund ihrer Erfahrung und Aufgabenstellung beurteilen.« Die Antworten werden mit formalen Kriterien der Mitarbeiter zusammengeführt, wie Vorbildung und

Ausbildung, Grad der Fach- oder Führungsverantwortung, Arbeitserfahrung. Ein Algorithmus überführt die Antworten in wenige Gehaltscluster. Erfahrenere, kenntnisreiche und hart arbeitende Mitarbeiter bekommen ein höheres Gehalt als jüngere Kollegen mit geringerem Bildungsgrad und weniger Erfahrung.

Ein im Maschinen- und Anlagenbau tätiges Produktionsunternehmen ermuntert seine Mitarbeiter einmal im Jahr, ihre Gehaltsvorstellungen aufzuschreiben, diese Einschätzung mit dem Erreichen von Team- und individuellen Entwicklungszielen zu begründen und das Feedback von einem Mentorkollegen beizufügen. Ein aus Kollegen gebildetes Komitee liest den Brief und gibt dem Mitarbeiter Feedback, ob diese Einschätzung aus seiner Sicht gerechtfertigt ist. Bei abweichender Selbst- und Fremdeinschätzung verständigen sich Mentor und Mentee in einem fundierten Gespräch, in dem die Einschätzungen gut belegt abgeglichen werden.

Das bereits erwähnte Beispiel Haier hat ein unternehmerisches Gehaltsmodell für diejenigen der 4000 Mikrofirmen entwickelt, die an Neuprodukten arbeiten. Jedes Einzelunternehmen setzt sich Vierteljahresziele für Rendite und Umsatz, die idealiter aus der Entwicklung neuer Geschäftsmodelle entstehen. Aufbauend auf einem moderaten Fixgehalt erhält jedes Teammitglied einen Bonus proportional zu dem Anteil, mit dem Ziele übertroffen wurden. Mitarbeiter können auch mit eigenem Geld in neu entwickelte Geschäftsmodelle investieren. Erreicht ein neues Geschäftsmodell sein Umsatz- oder Renditeziel, erhalten die investierten Mitarbeiter einen Anteil an der Rendite. Wenn eine Mikrofirma ihre Ziele über vier Quartale hinweg übertrifft, können sie und die anderen Mitarbeiter am Profit des jeweiligen Geschäftsmodells dauerhaft beteiligt werden. 20 Prozent der Nettomarge werden unter den Teammitgliedern verteilt, wobei etwas für die Bonuszahlungen in den Folgejahren zurückgestellt wird.

In einer agil arbeitenden Partnergesellschaft – Kanzlei, Beratung oder Arztgemeinschaftspraxis – teilen die Partner in Jahresversammlungen ihre Einschätzung des persönlichen Beitrags zum Unternehmenserfolg in einer offenen Diskussion. Jeder Anwesende gibt Feedback zur Selbsteinschätzung des anderen, reflektiert das ihn betreffende Feedback und teilt sein persönliches Fazit mit. Ein gewähltes dreiköpfiges Partnergremium verteilt im Nachgang zur Diskussion den Gehaltstopf und gibt eine Begründung für die Gehaltsentscheidung. Das Gremium wird jedes Jahr neu gewählt. Die Größe des Topfes für die Verteilung von Gehältern leitet sich aus dem Unternehmensergebnis ab, das zum Auftakt der Jahresversammlung diskutiert wird. Vorher haben sich die Partner gemeinsam darauf verständigt, wie viel Überschuss sie ins folgende Geschäftsjahr übernehmen oder wie viel sie reinvestieren wollen.

Empirische Untersuchungen zeigen, dass der Fixkostenblock eines Unternehmens bei auf diese Art und Weise ermittelten Gehältern kaum von dem abweicht, den Unternehmen aufweisen, die Gehälter über herkömmliche Methoden festlegen. An die Stelle von Formularen, Excel-Tabellen und endlosen Gremiensitzungen tritt die mit Kollegen gespiegelte Selbsteinschätzung. In den Untersuchungen zeigt sich auch, dass sich die Mitarbeiter deutlich gerechter eingeschätzt fühlen, wenn sie an der Gehaltsfindung mitwirken können. Hinter den Modellen liegt ferner die vielfach belegte Erkenntnis, der zufolge die persönliche Zufriedenheit ab einer gewissen Einkommenshöhe nicht größer wird, sondern tendenziell sogar abnimmt. Viel wichtiger für die persönliche Zufriedenheit ist, für wie sinnvoll eine Arbeit empfunden wird. Eine gute Unternehmenskultur, Gemeinschaftsgefühl unter Kollegen und das Gefühl der Zugehörigkeit zu einer Organisation sind weitere für das Glück des Einzelnen entscheidende Faktoren.

Bonusmodelle agil arbeitender Unternehmen

Individuelle Bonuszuteilungen steigern eine dem Unternehmenserfolg abträgliche Optimierung des individuellen Vorteils. In einer durch schnelle Veränderungen gekennzeichneten Marktumgebung verhindern auf messbare individuelle Ziele zugeschnittene Incentivierungen den Blick für flexible Anpassungen von unternehmerischen Entscheidungen. Viele Untersuchungen belegen, dass die intrinsische Motivation eines Mitarbeiters stärker abnimmt, je höher die individuelle Belohnung ist. Der administrative Aufwand für eine vermeintlich gerechte Verteilung von Boni beeinträchtigt die Marge in erheblichem Maß.

»Wir haben vier Controller, die sich hauptsächlich mit der Berechnung der variablen Anteile der Vergütung beschäftigen.«

Führungskraft eines Produktionsunternehmens

Daimler, Bosch, Lufthansa, Infineon, Axa und SAP sind Beispiele für Unternehmen, bei denen sich diese Einsichten durchgesetzt haben und die von individuellen Bonussystemen abgerückt sind. Selbst als unverzichtbar eingeschätzte Bastionen individueller Incentivierung im Vertrieb sind mittlerweile eingestürzt. Individualisierte Bonusbestandteile werden entgegen der landläufigen Vorstellung von Vertriebsmitarbeitern nicht als die entscheidend motivierenden Faktoren angesehen, wie zahlreiche Interviews zeigen. Mit einem agil arbeitenden Unternehmen sind individuelle Boni nicht vereinbar.

Teams, die unerwartet außergewöhnliche Ergebnisse erzielen, erhalten Teamboni, die unter den Mitgliedern zu gleichen Teilen aufgeteilt werden. Mehr und mehr Unternehmen gehen wie geschildert dazu über, erzielte Unternehmensüberschüsse am Ende eines Geschäftsjahrs zu gleichen Teilen unter allen Mitarbeitern aufzuteilen. In einigen Unternehmen passen sich Bonusbestandteile dynamisch an die Unternehmensentwicklung an: Bei x Prozent Wachstum einer Mischung aus Umsatz und Profitabilität erhalten die Mitarbeiter y Prozent ihres Jahresgehalts als Bonus. In einigen Großunternehmen variieren diese Bonuszuteilungen je nach Führungsverantwortung.

Gute Fach- und Führungskräfte finden und binden

Agil arbeitende Unternehmen achten bei der Auswahl neuer Mitarbeiter auf drei Faktoren: »Passen Fähigkeiten, Erfahrungen und Kompetenzen zur Rolle und zur Aufgabe, für die wir jemanden suchen?« »Passen wir zu den Werten und Arbeitsweisen, die sich der Kandidat im Laufe seiner Vorerfahrungen zu eigen gemacht hat?« »Passen die Überzeugungen und Motive des Kandidaten zum Zweck unseres Unternehmens?«

Mitarbeiter des Unternehmens stellen dem Kandidaten folgende Fragen, um Antworten auf die genannten Fragen zu erhalten:

- »Was treibt Sie?«
- »Was haben Sie in Ihrem Berufsleben erreicht, auf das Sie stolz sind? Warum sind Sie stolz darauf?«
- »Welches Scheitern haben Sie in Ihrem Berufsleben erlebt? Was ist passiert, und welche Konsequenzen haben Sie gezogen?«
- »Was spricht Sie an unserem Unternehmen an? Welche Ihrer einzigartigen Talente, Erfahrungen und Bildung glauben Sie in die weitere Entwicklung unserer Organisation einbringen zu können?«

Antworten auf diese Fragen geben Auskunft über den Grad der Übereinstimmung zwischen den Zielen und Werten des Kandidaten und der Organisation.

Jeder sorgfältig ausgewählte Neuzugang erhält eine Prämie von 3000 Euro, wenn er das Unternehmen in den ersten vier Wochen nach Arbeitsantritt wieder verlässt, wenn ihm klar ge-

worden sein sollte, dass dies doch nicht der richtige Arbeitgeber ist, und die Entscheidung erläutert. Unternehmen, die diese Regel eingeführt haben, wie der Online-Händler zappos.com, berichten, dass nur ein bis zwei Prozent der Neuzugänge dieses Angebot annehmen. Zu hoch, so erklären die Dagebliebenen, sei die Bindekraft des Unternehmens.

Personalentwicklung ist so wenig Aufgabe des Unternehmens wie »Employer Branding«. Die besten Mitarbeiter eines Unternehmens suchen sich ihre Entwicklungsmöglichkeiten und wollen dabei nicht von einer Personalabteilung an die

Hand genommen werden. Ein Mentor stellt bei den oben genannten individuellen Entwicklungsgesprächen Fragen, die den Mitarbeiter anstoßen, über Weiterentwicklung nachzudenken:

- »Bist du mit dem Herzen bei deiner Arbeit?«
- »Hast du das Gefühl, am richtigen Platz im richtigen Unternehmen zu sein?«
- »Was brauchst du, damit sich die Gewissheit verstärkt oder erneuert, dass du am richtigen Ort bist? Kann dir das Unternehmen dieses bieten?«

Mitarbeiter, die wissen, dass sie am richtigen Platz sind, Sinn und Zugehörigkeit erleben und das Gefühl haben, sich lange weiterentwickeln zu können, sind die überzeugendsten Botschafter für die Werbung um neue Talente. Das Zeitalter der Social Media hält die wichtigsten Kanäle für die Verbreitung dieser guten Nachricht über das Unternehmen bereit. Eine Organisation ist ein Energiefeld mit einem schier unerschöpflichen Potenzial an Talenten, Fähigkeiten und kreativen Eigenschaften, das es zu wecken gilt.

Neues altes Führungsverständnis

Dic neue Zusammenarbeit wird getragen durch Führungskräfte, die ein ermöglichendes Führungsverständnis leben – es ist die im Sinne des Ganzen dienende Führungskraft. Die wesentliche Aufgabe dieser Führungskraft besteht darin, ihre Organisation und ihr Team zu Spitzenleistungen zu führen. Dieses Führungsverständnis leben Scrum Master, Teamleiter, Coaches oder Mentoren in ihren verschiedenen Rollen und Aufgaben in einer agil agierenden Organisation.

Eigenschaften der Führungskraft in einem selbstorganisierten Unternehmen sind:

- Die *Offenheit*, Dinge auszuprobieren und das Team agieren zu lassen, ohne sicher zu sein, was am Ende dabei herauskommt. Die Führungskraft ist ein beobachtender Experimentator, der etwas sieht, was andere nicht sehen, und sich und das Team fragt: »Welche Hypothese bietet sich mit dieser Beobachtung an?« »Was wären die wirtschaftlichen und emotionalen Konsequenzen, wenn die Hypothese zutrifft?«
- Der *Respekt* vor der Verschiedenartigkeit von Menschen im Team und in der Organisation. Sie ist in der Lage, aktiv zuzuhören, Stille in einer Diskussion auszuhalten und empathisch zu kommunizieren. Sie ist in der Lage, bei sich und in der Interaktion im Team Beobachtung und Interpretation voneinander zu trennen.
- Der *Mut*, Dinge anzusprechen, die im Raum stehen, andere aber nicht wagen anzusprechen. Hierbei geht es oft um schwelende Konflikte, die die Führungskraft explizit macht, damit das Team gut zusammenarbeitet. Sie hat ein Talent, schwierige Gespräche zu führen.
- Die *Selbstverpflichtung* gegenüber ihrer Organisation und ihrem Team, ihr Bestes geben zu wollen, stets an das Ganze zu denken und danach zu handeln.
- Den *Fokus* auf die wenigen erfolgsentscheidenden Möglichkeiten und Hebel zu haben und entsprechend zu handeln. Sie hat die Fähigkeit, Dinge in der Zusammenfassung auf den Punkt zu bringen und das Team dadurch zu orientie-

ren. Sie kann strategisch denken und hat das Abstraktionsvermögen, eine Strategie in Einzelelemente zu zerlegen und diese als Ziele für das Team aufzubereiten.

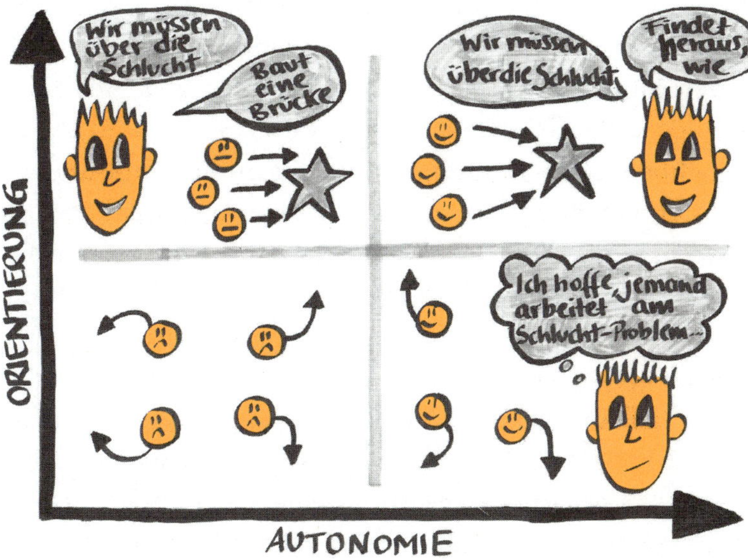

Frei nach: Spotify Engineering Culture, Henrik Kniberg

Diese erstrebenswerten Eigenschaften einer Führungskraft sind alles andere als neu. Sie waren immer Bestandteil einer Führungskraft, die ihre wesentliche Aufgabe darin sieht, andere im Sinne eines großen Ganzen stark zu machen. Ihre Bedeutung hat sich durch die Umbruchsituation verstärkt, in der sich Organisationen und Unternehmen befinden.

Wachstum ohne steigende Komplexität

Mit am stärksten berührt Sie ein Zusammentreffen des Transformationskreises, in dem ein ehemaliger leitender Mitarbeiter des Film-Streamingdienstes Netflix vom Zusammenhang zwischen Wachstum einer Organisation und zunehmender Komplexität berichtet.

> Netflix weist im Zusammenhang mit der Einführung von Unternehmenswerten auf die Abhängigkeit zwischen Wachstum und steigender Komplexität hin. Je größer ein Unternehmen wird, desto stärker wachsen auch firmeninterne Regulierung, Bürokratie, Abstimmungsbedarf und somit gefühlte Komplexität. Prozesse werden eingeführt. Niemand liebt sie. Sie scheinen aber das einzige Gegengift gegen das Durcheinander zu sein, das durch mangelnde interne Abstimmung im größer werdenden Apparat entsteht. Mit wachsender Regulierung nimmt der Freiheitsgrad von Mitarbeitern ab. Mit sinkendem Freiheitsgrad sinkt auch die Anzahl von exzellenten Mitarbeitern. Sie verlassen das Unternehmen oder kommen erst gar nicht dorthin, weil sie keinen Freiraum zur Entwicklung ihrer Talente erkennen. Der Preis, den ein wachsendes, prozessgetriebenes Unternehmen für den Versuch zahlt, effizienter zu werden, ist also hoch. Es verliert Freiraum, Flexibilität, kluge Köpfe und Innovationskraft. So ein Unternehmen kann in relativ stabilen Märkten gut bestehen und linear wachsen. Wenn aber der Markt neue Spielregeln entwickelt, Geschäftsmodelle durch neue Technologien auf den Kopf gestellt werden, wird dem Unternehmen lineare Effizienz zum Verhängnis. Es kann sich auf die neuen Entwicklungen nicht schnell genug einstellen.

Das Unternehmen kann nun auf dreierlei Weise reagieren: Erstens kann es um den Preis geringerer Wirkung und geringeren Wachstums klein und kreativ bleiben. Zweitens kann es interne Regulierung vermeiden und damit Chaos riskieren. Drittens kann es weiter auf Regulierung setzen und seine Innovationskraft auf dem Altar der Effizienz opfern.

Netflix wählt eine vierte Option: Es gewinnt außergewöhnliche Talente, gibt diesen Freiraum zur Entfaltung und fordert Selbstdisziplin ein. An die Stelle von einem Mehr an Regulierung in einem schnell wachsenden Unternehmen tritt ein Mehr an Mitarbeitern, die alles geben und vom Unternehmen eine klare Orientierung über dessen mittel- bis langfristigen Ziele und ein stabiles Wertegerüst erfahren.

Die Diskussion, die dieses Unternehmensbeispiel im Transformationskreis ausgelöst hat, haben Sie nur mit halbem Ohr mitbekommen. Sie erinnern sich an viele Diskussionen mit Kollegen in der Sklerotec AG, bei denen das Jammern groß ist: »Wir sind so groß und damit so komplex geworden.« Ihnen wird jetzt klar, dass Größe gar nicht zwangsläufig mit Komplexität einhergehen muss. Gefühlt komplex wird die Zusammenarbeit in einem großen Unternehmen dann, wenn wir versuchen, mit den herkömmlichen Vorstellungen von Prozessen und Abläufen die alltäglichen Abstimmungen und die Zusammenarbeit zu bewältigen. Die im Transformationskreis diskutierten Ansätze nähern sich dem Thema Zusammenarbeit aus einer ganz anderen Perspektive und eröffnen eine Dimension an Möglichkeiten für ein gutes, zielführendes Miteinander. Im Zentrum dieser Perspektive steht die Frage, welchen Raum und welche Unterstützung wir dem Einzelnen geben. Sie spüren: Das ist der Weg, den die Sklerotec AG gehen muss, wenn sie ihre Zukunft meistern will.

FAZIT: MYTHOS AGILITÄT ENTLARVEN

Sie sind dankbar für die vielen guten Anregungen des Transformationskreises. Ihnen ist klar, dass diese bei der anstehenden Transformation der Sklerotec AG nicht eins zu eins umsetzbar sind. Aber darum geht es ja auch gar nicht. Die Modelle agiler Zusammenarbeit enthalten Anstöße, die einen wichtigen Platz in der neuen Zusammenarbeit der Sklerotec AG finden werden, so Ihre Ahnung.

Was Sie bislang über Agilität gehört oder gelesen haben, assoziieren Sie mit basisdemokratischen Entscheidungen, undiszipliniertem Herumgehopse im Bällebad, mit Spaß um des Spaßes willen und einem Verständnis von Teamarbeit, bei dem Verantwortung vergemeinschaftet wird. Nach der näheren Beschäftigung mit dem Thema erkennen Sie, dass dieses Bild nichts mit der Realität zu tun hat. Im Gegenteil: Selbstorganisation scheint vor allem mit dem Einzelnen und der von ihr oder ihm ausgeübten Eigenverantwortung für das Ganze zu tun zu haben. Gleich mehrere Mythen zur Agilität können Sie nun entlarven:

- Das Schwadronieren von einer *Fehlerkultur*. Ihnen wird klar, dass selbstorganisierte Unternehmen auf der Basis eines unbedingten Willens zur Leistung und Intoleranz gegenüber Inkompetenz stehen. Für die viel zitierte Fehlerkultur bedeutet das, dass natürlich Risiken eingegangen werden müssen. Fehlerkultur ist aber keine Ausrede für mittelmäßige Kompetenzen, Denkfaulheit oder schludrige Arbeitsweisen. Fehler, die daraus entstehen, halten nicht mehr als die ernüchternde Erkenntnis vor, dass es an Kompetenz und Selbstdisziplin mangelt. Fehler zu feiern, wie es vielfach propagiert wird, ersetzen Sie fortan durch das Feiern von Lernerfahrungen. Sie lernen, deutlich zu unterscheiden zwischen unproduktiven Fehlern, die das Unternehmen viel Geld kosten können, und produktiven Fehlern, die weiterführende Lernerfahrungen in sich tragen.

- Der Mythos von der *Gleichheit*. Das Ausbleiben von tayloristischer Hierarchie bedeutet nicht, keine Führung zu haben. Im Gegenteil: Flache Hierarchien brauchen stärkere Führung als klassisch hierarchisch organisierte Unternehmen. Sie brauchen klare Leitlinien, Strategien und Regeln. Teamleiter und -mitglieder vereinbaren klare Erwartungen aneinander und überprüfen deren Einhaltung beidseitig unbequem und fordernd. Ein selbstorganisiertes Unternehmen lebt ein Vorgehen zur Leitungseinschätzung, das Leistung hervorhebt und Fehlleistungen explizit macht. Es entsteht eine implizite Hierarchie der Leistungsträger im Dienst der Erreichung der gemeinsamen Ziele.
- Das Missverständnis von der *Harmonie*. Dass Teammitglieder respektvoll miteinander umgehen, bedeutet nicht, dass Feedbacks untereinander nicht klar und unmissverständlich ausfallen. Oder dass Konflikte nicht beim Namen genannt werden. Oder dass sich ein selbstorganisiertes Unternehmen oder ein Team nicht kompromisslos von jemanden trennt, der die gemeinsamen Werte nicht teilt, nicht seine individuelle Leistung in das Team einbringt

und nicht Eigenverantwortung zu übernehmen bereit ist. Im Gegenteil, Respekt: ja, Harmonie um jeden Preis: nein.

- Der Mythos *Experimentieren*. Ohne Disziplin kann nahezu jedes Mäandern als Experiment kaschiert werden. Selbstorganisierte Teams scheinen sich Experimente sorgfältig und in Abwägung der Risiken und der zu erwartenden Lernerfahrungen auszuwählen. Sie sind auch rigoros darin, Ideen konsequent zu töten, wenn sie keine weiteren Lernerfahrungen mehr einzubringen versprechen. Eine »sunk cost fallacy«, also einmal verlorenem Geld noch mehr Geld hinterherzuwerfen, weil das Projekt nun mal läuft und wir bereits so viel Energie und Zeit hineingesteckt haben, stellt keine Alternative dar. Früh lernen und mutig neue Richtungen einschlagen, so lautet die Devise.

Es fällt Ihnen wie Schuppen von den Augen: Die anstehende Transformation der Sklerotec AG stellt im Kern eine riesige Kulturveränderung dar.

Unternehmenskultur ist wie eine gewachsene, ungeschriebene Verfassung, die die Spielregeln der Zusammenarbeit in einer Organisation definiert. Neue Arbeitsweisen einzuführen bedeutet, diesen Vertrag zu brechen und ihn neu aufzusetzen. Es ist unvermeidlich, dass ein Kulturwandel einen starken Eingriff in eine Organisation darstellt und daher starke Widerstände erzeugt.

III 2 TUN
TRANSFORMIEREN

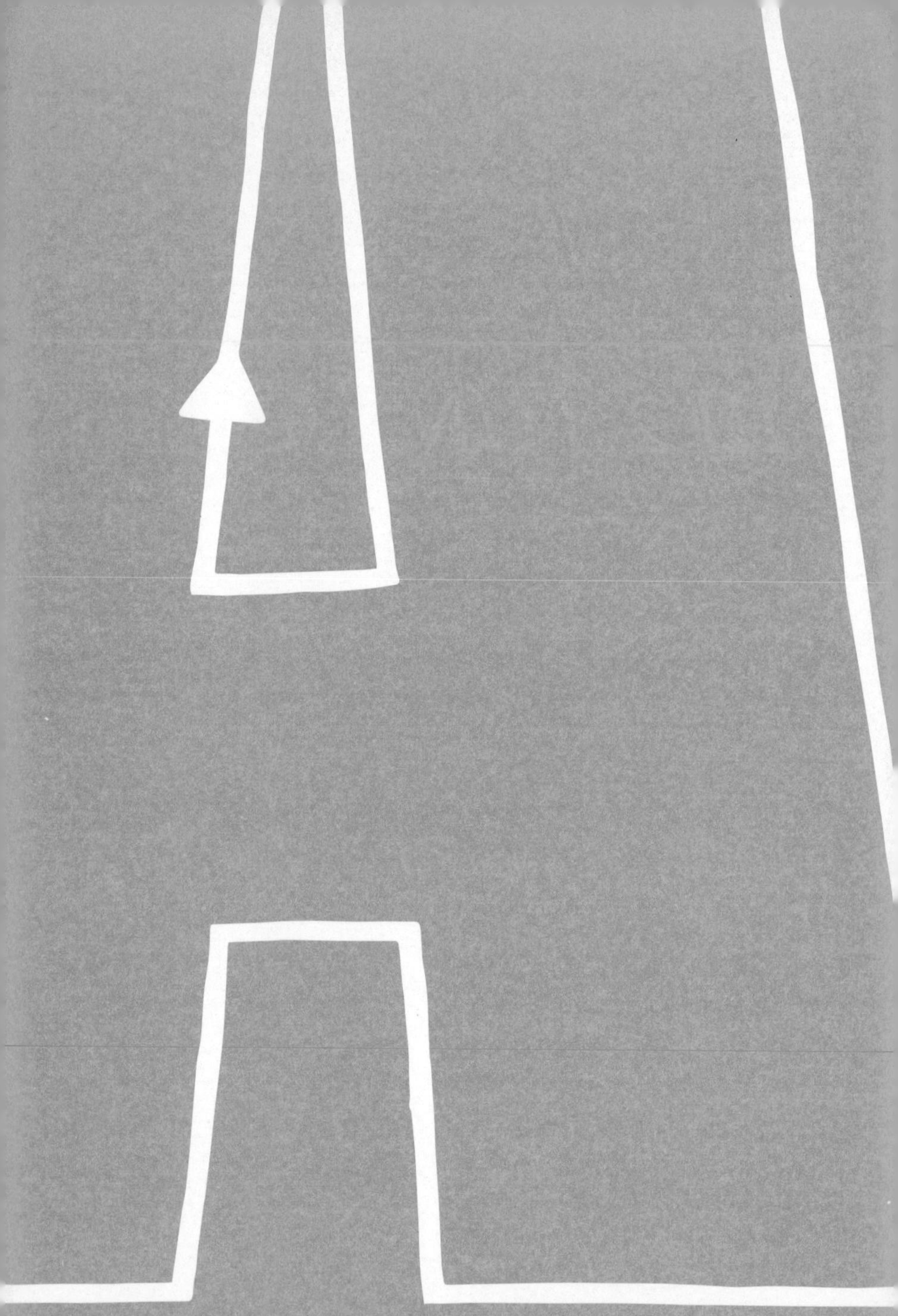

AUFWACHEN

Anhand der Anstöße aus dem Transformationskreis erkennen Sie, wie die zehn Werte der Zusammenarbeit der Addmaning Gruppe in die Praxis übertragen werden können. Wie Entscheidungen besser werden, weil sie sich an durchdachten Zielen ausrichten und viele zu deren Entwicklung beitragen. Wie sehr eine Konzentration auf das Ganze helfen kann, Einzelinteressen zu minimieren. Wie wirkungsvoll es sein kann, sich in Zeiten von Umbrüchen nach vorne zu irren. Wie Lust auf Leistung zum Maßstab guten Handelns erklärt werden kann. Wie viel Spaß Teamarbeit macht. Wie ein so heiß diskutiertes Thema wie Gehälter und Boni über die Beteiligung der Betroffenen zu einem besseren Resultat geführt werden kann – wenn man in den Blick nimmt, worum es beim Gehalt eigentlich geht. Nämlich darum, dass Zufriedenheit beim Einzelnen besteht und dass jeder Einzelne sehr unterschiedliche Vorstellungen darüber hat, was Zufriedenheit ausmacht. Ihnen wird klar, dass hinter dem Ruf Ihrer Kollegen in der Sklerotec AG nach mehr Bonus und mehr Gehalt und dem damit in enger Verbindung stehenden Wort »ungerecht« oftmals die Sehnsucht nach unerfüllter Wertschätzung steckt.

Sie sind überrascht, wie viel die neue Form der Zusammenarbeit mit Sprache zu tun hat und wie bewusst Sprache verwendet wird. Sie erkennen, wie groß die Macht starker Fragen ist. Fragen, die nicht ein »Ja« oder »Nein« erwarten, sondern die offen sind und zu deren Beantwortung der Gefragte nachdenken muss. Fragen, die anregen und neue Gedanken wecken. Überraschende Fragen. Fragen, bei denen Ihnen zunächst der Gedanke kommt: »Das ist fast zu simpel.« Wenn Sie sich auf die Beantwortung ernsthaft einlassen, wird Ihnen klar, dass dahinter viel mehr steckt, als Sie zunächst gedacht haben: »Wer sind in Zukunft unsere Kunden?« »Welche Kunden bedienen wir in Zukunft nicht mehr?« »Welches Wertversprechen geben wir unseren Kunden?« »Warum gibt es unser Unternehmen?« Allein bei der letzten Frage erwischen Sie sich, dass Sie ganz schnell antworten: »Was tun wir?«, aber nicht: »Warum tun wir es?«

Je kürzer und einfacher die Fragen sind, desto produktiver die Gedankens. Es kommt auf die Reihenfolge an. Spekulative Gedanken auslösende Fragen wie »Was wäre, wenn ...?« oder »Was könnte sein, wenn ...?« bauen auf beschreibenden Fragen auf: »Was geht?« oder »Was geht nicht?« Fragen scheinen mit ihrer Offenheit paradoxerweise genau das zu sein, was gefordert ist angesichts vieler Unsicherheiten, die Sie im Geschäftsmodell der Sklerotec AG erkennen: »Wird unser Geschäftsmodell Zukunft haben, wenn sich unsere Kunden wegen steigender Lohnkosten und wachsender Sensibilität der Konsumenten für die Arbeitsbedingungen von Textilarbeitern aus den klassischen textilproduzierenden Ländern Asiens zurückziehen?«

In diesem Zusammenhang kommt Ihnen eine Bitte Ihrer 13-jährigen Tochter in den Sinn, die sich vor einigen Wochen ein Konzert von Kylie Minogue im Livestream angeschaut hat. Das rote Kleid, das die Sängerin trug, konnten die Zuschauer über eine App gleich bestellen und auf ihre Passform hin konfigurieren. Das Kaufversprechen lautete: »In 48 Stunden haben Sie es in Ihrer Größe in der Hand!« Zum Glück konnten Sie den Kauf gerade noch stoppen, aber: »Was bedeutet dieses Szenario für die Anlagen, die die Sklerotec AG ihren Kunden bereitstellen muss? Wie adaptiert die Sklerotec AG ihre Anlagen an neueste technische Entwicklungen?« Ein Beispiel dafür ist die Textilien innewohnende elektrische Spannung, die im automatisierten Produktionsprozess genutzt wird, diesen vereinfacht und beschleunigt. »Wie gelingt es, dass die Sklerotec AG selbst neueste Verfahren entwickelt und in den Markt bringt?«

Sie erkennen, dass es Mut braucht, Fragen zu stellen. Aus verschiedenen Gründen. Gut ausgewählte Fragen sind unangenehm und rütteln an Tabus. Zumal wenn es grundlegende Fragen sind, die in der Luft liegen. Fragen verstärken Unsicher-

heit, obwohl eigentlich Klarheit so dringend benötigt wird. Die Fragen der Sklerotec AG liegen auf der Hand. Jeder im Unternehmen kennt oder ahnt sie, spricht sie aber nicht aus. Aus Angst vor der Zukunft seines Arbeitsplatzes. Dabei ist die Vermeidung dieser Fragen der sicherste Weg in den Verlust des Arbeitsplatzes!

In traditionellen Unternehmen ist es wenig verbreitet, Fragen zu stellen. Fragen stellen bedeutet nämlich, dass wir es selbst nicht wissen. Und das ist nicht vereinbar mit unserem tradierten Führungsverständnis. Mitarbeiter erwarten von Führungskräften, dass sie Antworten geben. Deswegen sind sie Chefs, so unsere tief verankerte Überzeugung. Schnell, klar, eindeutig. In Wahrheit ist das Gegenteil der Fall, das spüren Sie auch. Fragen an andere zu stellen zeigt Wertschätzung: »Ich lege auf deine Meinung wert.« Fragen zu stellen schafft Verbundenheit: »Gemeinsam schaffen wir das.« Fragen zu stellen übergibt Verantwortung und vermittelt, dass der Beitrag des Einzelnen zum Gelingen unverzichtbar ist und motiviert.

Der blinde Aktionismus hingegen, den der Vorstand der Sklerotec AG mit der Reorganisation »Leap Forward« als Beispiel seiner Entschlossenheit gefeiert sehen will, wird in Wahrheit von den Mitarbeitern in seiner Hohlheit erkannt. Die Abteilungsleiter denken: »Schon wieder eine neue Aktion, die wirkungslos verpuffen wird.« Jeder weiß, dass die Führungsetage die nächsten Quartalszahlen wieder schönrechnen wird, damit sie zu den Erwartungen der Gesellschafter passen. Und dass die Reorganisation in der Mitte stecken bleibt, weil deutlich werden wird, dass diese nur ein Herumdoktern an Symptomen, aber nicht die Bearbeitung der grundlegenden Fragen zum Ziel hat. Sie erkennen, wie weit die Realität der Sklerotec AG von dem schemenhaften Bild entfernt ist, das Sie von neuen Organisationsformen gewonnen haben. Bei der Sklerotec AG geht es nicht um Veränderung, sondern um grundlegende Transformation, eine Umformung im wahrsten Sinne des Wortes. Sie fragen sich, ob die Sklerotec AG überhaupt in der Lage ist, sich in eine stärker auf Eigenverantwortung basierende Organisation zu transformieren. Und wenn ja, wie? Der Ausgang ist ungewiss: Selbst wenn die Sklerotec AG sich transformieren kann, wie lange wird das dauern? Wird es schnell genug gehen, um im Markt Schritt halten zu können?

HÜRDEN

Unzählig viele Hürden kommen Ihnen in den Sinn, die vor dem Gelingen dieser Transformation stehen.

Da ist zunächst einmal ein tief verankertes Verhalten, das es zu überwinden gilt. Die neue Organisation spricht von lebendigem Teamspirit und Eigenverantwortung weckendem Führungsverständnis. In der Sklerotec AG gibt es viele Mitarbeiter, die in 20 Jahren Firmenzugehörigkeit noch nie ein Mitarbeitergespräch mit ihrer Führungskraft erlebt haben. Und diejenigen, die Jahresgespräche haben, werden von ihren Führungskräften im Fünfzehn-Minuten-Takt durchgeschleust. Vorgedruckte Formblätter aus der Personalabteilung – Human Resources heißt sie bei der Sklerotec AG – müssen rasch und ohne Erläuterung mit Kreuzchen auf einer Skala von eins bis fünf ausgefüllt werden: »Der Mitarbeiter erfüllt seine Anforderungen gar nicht« bis »voll und ganz«. Am Ende der 15 Minuten erklärt die Führungskraft dem Mitarbeiter: »Ich stufe Sie wieder wie letztes Jahr ein, einverstanden?« Angesichts des Zeitdrucks bleibt dem Mitarbeiter nichts anderes, als zu nicken. Und wenn Mitarbeiter kritische Dinge ansprechen, finden sie kein Gehör bei Führungskräften, so die immer wieder gemachte Erfahrung.

Da ist das Phänomen eines aufgeblähten Führungsapparats. Eine Folge des Reflexes, dass die Sklerotec AG neue Führungskräfte eingestellt oder befördert hat, sobald neue Themen auftraten oder ein Projekt nicht so lief, wie es angedacht war. Statt zu analysieren, was schiefgelaufen ist, und auf den Lehren aufbauend konsequent das nächste Projekt anders anzugehen, hieß es: »Der X kann es einfach nicht. Wir brauchen einen neuen Mann.«

Es gibt viel zu viele ungenügend vorbereitete Meetings mit zu vielen Teilnehmern und ohne verbindliche Verabredungen am Ende. Diese Meetingpraxis ist im Kern Ausdruck einer bei der Sklerotec AG herrschenden Absicherungsmentalität. Diese wird offenkundig, als man nach dem Positionierungstreffen der Abteilungsleiter beschließt, bei der E-Mail an den Bereichsleiter alle Kollegen in Kopie zu setzen – damit hinterher keiner sagen kann, dass er »von nichts gewusst habe«. Kaum jemand traut sich, alleine für den eigenen Arbeitsbereich Entscheidungen zu treffen. Zu sehr könnte sich jede Entscheidung nachher als Fehler entpuppen, den dann der Verursacher mit dem unrühmlichen Amt des Sündenbocks womöglich für ganz andere Probleme zu bezahlen hat.

Konflikte werden verdrängt oder verschleiert. Es gibt eine große Scheu vor Klarheit – aus Unsicherheit. Eine explizite Auseinandersetzung mit Führungsfragen hat in der Sklerotec AG noch nie stattgefunden, wenn wir von den verstaubten Werten absehen, die Mirko S. im Konferenzraum gesehen hat. Die aber wurden von einer Agentur entwickelt, vom Vorstand genehmigt und »in die Organisation gedrückt«, wie der Vorstand es genannt hat. Mikromanagement steht bei Führungskräften der Sklerotec AG an der Tagesordnung. Der Mitarbeiter, der auch nur einen kleinen, überschaubaren Betrag ausgeben möchte, muss zunächst seine Führungskraft fragen. Und die ächzt gleichzeitig unter der enormen Arbeitslast. Da ist der aus Unsicherheit geborene Reflex, Entscheidungen durch immer neue Prüfaufträge, Benchmarks und Prognosen so lange absichern zu wollen, dass am Ende keiner mehr weiß, was er am Ende noch glauben soll.

Angesichts dieser lange eingeübten Verhaltensweisen Eigenverantwortung etablieren zu wollen klingt für Sie, als würden Sie über einen anderen Planeten sprechen.

Eine weitere Hürde der Transformation stellt die Angst vor Verlust dar. Angst vor Verlust von Einfluss und Status. Verlust des Titels auf der Visitenkarte und der Insignien der Macht wie Dienstwagen, namentlich gekennzeichneter Parkplatz oder Vorzimmerdame. Sie stellen sich vor, wie in einer agilen Organisation ein talentierter Trainee zum Teamcoach ausgebildet wird und sich eine gestandene Führungskraft im Team ihm – gefühlt – unterordnen muss. Ein Unding. Wie soll das gehen?

Da ist auch noch die Angst vor Veränderung. Es ist zwar paradox, aber eine Tatsache: Auch wenn wir aus dem letzten Loch pfeifen, etwas verändern wollen wir nicht. Zumal die Angst vor dem unbekannten Neuen, möglicherweise Besseren, größer ist als das Leiden unter dem bekannten Alten, Schlechteren. Diesen Teil der menschlichen Natur belegen Untersuchungen. Die Freude über einen Gewinn beim Menschen ist um ein Vielfaches schwächer ausgeprägt ist als die Angst vor Verlust. So irrational das auch sein mag.

Interessant finden Sie, dass es sich bei der Aufzählung der Hürden fast ausschließlich um Themen handelt, die der Vorstand bislang eher abschätzig bezeichnet hat als sogenannte

»weiche Faktoren« – im Gegensatz zu »harten Faktoren« wie Umsatz- oder Renditeziele oder Auslastungsgrad von Anlagen. »Weiche Faktoren« als das, was notgedrungen auch noch beachtet werden muss. Und jetzt stellt sich heraus, dass diese »weichen Faktoren« über die Zukunftsfähigkeit des Unternehmens entscheiden! Was ist da noch »hart«, was ist »weich«?

Im Transformationskreis haben Sie vier verschiedene Kategorien von Hürden kennengelernt, die einen Veränderungsprozess behindern können.

- *Mangelnde Einsicht*: »Ich sehe die Bedrohung nicht, die eine Veränderung verlangt.« Ursachen für diese Hürden liegen zwischen bewusster Verneinung und Hybris im Sinne von: »Das betrifft uns nicht.«
- *Mangelnde Motivation*: »Ich sehe die Bedrohung, will aber nicht reagieren.« Ursachen können in der Entscheidung liegen, dass in Abwägung der Kosten einer Veränderung und dem möglichen Ertrag die Bilanz negativ ausfällt. Oder im Selbstschutz von Führungskräften, die ihren Status nicht verlieren möchten.
- *Mangelnde Inspiration*: »Ich will auf die Bedrohung reagieren, weiß aber nicht, wie.« Motiv für dieses Verhalten kann sein, dass es tatsächlich manchmal keine guten Antworten auf die Bedrohung zu geben scheint, außer – so lange es geht – das bestehende Geschäftsmodell weiter wie gehabt auszunutzen. Oder es fehlt eine genügend kritische Masse an Führungskräften und Mitarbeitern im Unternehmen, um die anstehende Veränderung erfolgreich umsetzen zu können.
- *Mangelnde Koordination*: »Ich weiß, wie wir auf die Bedrohung reagieren sollten, kann aber die Organisation nicht

bewegen.« Hier liegt die häufigste Ursache für den Widerstand gegen Veränderung. Die sehen Sie als die beherrschende Hürde in der Sklerotec AG. Zugleich ist es die Hürde, die am schwierigsten zu überwinden ist. Ausschlaggebend für Widerstand sind politische Sackgassen, wie divergierende Interessen zwischen potenziellen Gewinnern und Verlierern der Veränderung, nachhaltig unterschiedliche Auffassungen über die Richtung der Veränderung, die bestehenden Prozesse, Arbeitsweisen und Bürokratie schlagen zurück, oder es besteht eine tief in der Unternehmenskultur verankerte Risikoaversion.

Die vier Kategorien von Hürden verlangen unterschiedliche Reaktionen zu deren Überwindung.

Und dann gibt es da noch die Frage: »Sind wir zu groß?« Im Transformationskreis haben Sie Beispiele von großen Unternehmen wie Bosch, Lufthansa, SAP, Haier und Co. diskutiert, die Elemente sich selbst managender Organisationen übernommen haben. Trotzdem fragen Sie sich: »Kann die Umsetzung des Modells eines sich selbst organisierenden Gebildes in Wirklichkeit nur bei kleinen Organisationen oder Partnergesellschaften funktionieren? Ist das Umkrempeln einer so großen und komplexen Organisation wie der Sklerotec AG mit ihren 5000 Mitarbeitern an 24 Standorten weltweit nicht ein Ding der Unmöglichkeit?«

Vor dem Hintergrund all Ihrer Beobachtungen stellt sich Ihnen schließlich die Frage: »Sind wir reif genug für die anstehende Veränderung?«

Ohne diese wichtigen Fragen im Moment beantworten zu können, machen Sie sich auf den Weg.

SCHRITTE

Notwendigkeit der Transformation erläutern

Gründe für die dringende Notwendigkeit einer Transformation der Sklerotec AG gibt es mehr als genug.

Die selbst geschaffene Komplexität, in der das Unternehmen zu ersticken droht und die es träge macht. Das Misstrauen als vorherrschendes Element einer selbstzerstörerischen Unternehmenskultur, die die Sklerotec AG unfähig macht, sich Neuem zuzuwenden. Sichtbarster Treiber der Transformation ist aber das Marktumfeld, das sich im radikalen Wandel befindet. Schon seit zwei Jahrzehnten tobt die Globalisierung, das heißt, das Geschäftsmodell des Maschinenbaus für die Textilindustrie made in Germany wird massiv angegriffen. Maschinenbauer in China produzieren die Anlagen billiger. Der mit der Verlagerung von Massenproduktion in Billiglohnländer einhergehende Preisverfall hat für einen Niedergang der heimischen Textilindustrie gesorgt.

Mit der Automatisierung und Digitalisierung kommt die nächste Welle des Angriffs, und zwar in dreierlei Hinsicht: Erstens sorgt die Tatsache, dass die Löhne in den traditionellen Produktionsländern steigen und die Anforderungen an die Arbeitsbedingungen der dortigen Textilarbeiter wachsen, dafür, dass die Produzenten näher an die attraktiven Märkte Europas und der USA rücken. Zweitens ermöglicht die Automatisierung mit Robotik eine schlankere Produktion, bei der Lohn als Kostenfaktor unwichtiger wird. Der Datenaustausch unter sich selbst steuernden Maschinen und deren Umgebungen trägt dazu bei, dass die Herstellung konsumentenspezifisch individualisierter Produkte – »on demand« – Realität wird. Bis hin zu Einzelhandelsläden, in denen Sportschuhe mit präfabrizierten Modulen für den Konsumenten passgenau angefertigt werden. In die Funktionskleidung lassen sich Ortungs- und Navigationssysteme oder intelligente Membranen integrieren, die den Schweißhaushalt des Trägers beim Sport steuern. Drittens vernetzen digitale Plattformen Wertschöpfungsketten vom Hersteller bis zum Konsumenten und erlauben eine übergreifende auf den individuellen Bedarf angepasste Qualitäts- und Mengensteuerung der Ware.

Diese Entwicklungen bedeuten die bevorstehende Abkehr der Produktion von Textilmaschinen, die Massenrohwaren in der Linie produzieren.

Vorstand und Führungskräfte der Sklerotec AG haben es bislang versäumt, diese herausfordernden Zukunftsszenarien im Unternehmen offen an- und auszusprechen. Die Angst vor weiterer Verunsicherung der Mitarbeiter und Gesellschafter war zu groß. Es fehlten Verantwortungsbewusstsein und Mut, sich diese Szenarien klar vor Augen zu führen: »Wir halten das noch durch, bis ich pensioniert werde. Dann habe ich nichts mehr damit zu tun«, lautete eine hinter vorgehaltener Hand geflüsterte Einstellung. Sie erkennen mindestens zwei Kategorien von Hürden in diesem Verhalten wieder.

Es ist eine Herkulesaufgabe, den Vorstand oder auch nur einige Kollegen dazu zu bringen, Klartext zu reden. Dennoch führt kein Weg daran vorbei. Es sei denn, Sie verlassen das Unternehmen. Sie entschließen sich, die Herausforderung anzunehmen. Sie gewinnen interessierte Mitstreiter unter Ihren Kollegen, den Abteilungs- und Bereichsleitern, auch das für den Vertrieb verantwortliche Vorstandsmitglied, das sich der Bewegung in Abstimmung mit seinen Kollegen im Vorstand anschließt. In einem dreistündigen Treffen tauschen Sie sich anhand offener Fragen über die Zukunft der Sklerotec AG aus: »Was bewegt euch, wenn ihr an die Zukunft der Sklerotec AG denkt? Welche ersten Ideen habt ihr, wie wir die Zukunft der Sklerotec AG sichern können?«

Sie sind überrascht, welche Schleusen sich öffnen, nachdem Sie diese Fragen gestellt haben. Als hätten alle darauf gewartet, sprudeln die Gedanken und Ideen aus den Köpfen der Kollegen. Sie haben Ihre liebe Mühe, die Gedanken immer wieder zusammenzufassen. Auch entdecken Sie, dass ausreichend viel Wissen und Kreativität vorhanden ist, um Antworten auf die großen Fragen zu finden, die die Zukunft des Unternehmens betreffen. »Warum um Himmels willen haben wir diesen Schatz nicht früher gehoben?«, fragen Sie sich. Das Unternehmen hat sich den Raum nicht zugestanden, so simpel scheint die Antwort zu sein. Lieber hat es sich von der operativen Tagesarbeit erdrücken lassen – »keine Zeit« oder »Angst vor der Realität«, statt sich die Fragen zu stellen, auf die es ankommt.

Alltäglicher Aktionismus als Flucht vor den überlebenswichtigen Fragen. Und gleichzeitig jammern wir über das Hamsterrad, in dem wir rotieren. Das Bild trifft zu: Wir drehen uns mit stetig wachsender Geschwindigkeit im Kreis.

Die drei Stunden erweisen sich als viel zu knapp. Sie verabreden eine Fortsetzung.

Der rege Gedankenaustausch zeigt, dass der Handlungsdruck groß ist und von allen erkannt wird. Auf Ihre Einladung hin erklärt sich ein Bereichsleiterkollege bereit, die Gründe für den Handlungsbedarf in einem ersten Entwurf für eine interne Kommunikation knapp auf den Punkt zu bringen. Das Vorstandsmitglied verspricht, über seine Eindrücke im Vorstand zu berichten und seine Kollegen davon zu überzeugen, dass es einer Mitwirkung vieler im Unternehmen bedarf, um die anstehenden Fragen zu bearbeiten.

Wohin wollen wir?

Eine Umfrage unter 4000 Managern durch die MIT Sloan School in den USA hat gezeigt, dass gerade mal 28 Prozent von ihnen in der Lage waren, die drei wichtigsten strategischen Ziele ihres Unternehmens zu nennen.

Sie erinnern sich: In auf Eigenverantwortung basierenden Unternehmen werden Befehl und Kontrolle durch Kontext abgelöst. Für die Sklerotec AG heißt das, dass das Unternehmen sich auf der Grundlage der ersten Ideensammlung darüber im Klaren werden muss, wie es sich mittel- bis langfristig in dem sich transformierenden Markt aufstellt. Die Strategie gibt den Rahmen vor, innerhalb dessen sich Führungskräfte und Mitarbeiter in ihren Entscheidungen orientieren: »Erreichen wir mit dieser oder jener Maßnahme unsere Strategie?« »Was machen wir nicht mehr?«

Eine gute Strategie denkt vom Ende, von einem Zielbild in einem definierten Jahr her. »Wo stehen wir im Jahr 20xy?« Sie rufen sich die Eigenschaften ins Gedächtnis, die gute, offene Fragen ausmachen. »Was sind unsere Kunden im Jahr 20xy?« »Welche Kunden bedienen wir nicht?« »Was bieten wir unseren Kunden, was nicht (mehr)?« Daraus lassen sich eine Handvoll Ziele ableiten: »Was sind die wichtigsten Hebel zur Erreichung des Zielbilds in den nächsten zwei Jahren?« Die Ziele sind messbar, sodass wir in zwei Jahren sehen, was wir erreicht haben. Der erste Schritt in die Umsetzung erfolgt über die Definition von Handlungsfeldern auf vier Ebenen: »Was müssen wir in den nächsten 12 bis 18 Monaten tun, um unsere Ziele zu erreichen?« auf den Ebenen Markt/Kunden, Organisation/Abläufe, Menschen und Finanzen/Kosten. In jedem Handlungsfeld liegt ein Bündel von Maßnahmen. Zu jedem Handlungsfeld bilden sich Teams, die sich der darin liegenden Maßnahmen annehmen. Es ist die Aufgabe jedes Arbeitsbereichs im Unternehmen, die Unternehmensstrategie für jeden Mitarbeiter so greifbar zu machen, dass sie als Werkzeug in der täglichen Arbeit nutzbar und entscheidungsleitend eingesetzt werden kann.

Ausschlaggebend für das »Go« und für eine systematische sowie auf breiter Basis erfolgte Analyse des »Wohin?« ist Ihr Bericht im Vorstand über den Gedankenaustausch der Führungskräfte. Es ist Ihnen gelungen, den Vorstand zu überzeugen, dass im Unternehmen viele Antworten auf Fragen schlummern, die alle umtreiben. Sie können darlegen, dass die von Ihnen dargestellten Schritte der Strategieentwicklung in Workshops mit den Beteiligten im Unternehmen gemeinsam erarbeitet werden. Die leitgebende Frage bei der Auswahl der Teilnehmer für das Strategieteam ist einzig die, wer etwas zu den wichtigen Fragen beitragen kann, die das Unternehmen bewegen. Die hierarchische Position spielt bei der Einladung ins Team keine Rolle. Auch zwei konstruktiv mitdenkende und handelnde Betriebsratsmitglieder sind Mitglieder im Team. Sie machen die Erarbeitung der Strategie zum Pilotmodell für neue Arbeitsweisen in der Sklerotec AG und lassen sich dabei von einem externen Moderatorenteam unterstützen.

Sie vereinbaren mit dem Vorstand, dass Sie jeden Schritt mit ihm vordenken und die Ergebnisse des vorangegangenen mit ihm spiegeln. Das schafft das Vertrauen der Unternehmensleitung in den Prozess – ein wichtiger Baustein für das Gelingen.

Im Strategieteam und im Vorstand entwickeln Sie ein gemeinsames Verständnis dafür, dass eine Strategie in Zeiten rascher grundlegender Veränderungen nur hypothetischen Charakter hat. Deswegen werden Sie sie fortan einmal im Jahr auf den Prüfstand stellen: »Bestätigen uns Marktentwicklungen in unseren Annahmen? Wenn ja, inwiefern? Wenn nein, was sehen wir heute anders als vor einem Jahr? Welche strategischen Ziele oder Handlungsfelder müssen wir gegebenenfalls an aktuelle Entwicklungen anpassen?«

Das Strategieteam verabredet mit dem Vorstand, dass es eine softwaregestützte interne Dialogplattform errichtet, die für alle im Unternehmen zugänglich ist. Darin stellen Sie Arbeitszwischenstände sowie den Wortlaut der Kommunikation ein, die Sie am Ende eines jeden Workshops vereinbaren. Sie rufen zu Kommentaren, Anregungen und Ideen auf, die über klar bezeichnete Kanäle Eingang in die Erarbeitung finden. Das Strategieteam wird zu jeder Anregung ein Feedback geben. Da die Arbeiter in der Produktion keinen PC oder Laptop haben, platziert das Unternehmen Bildschirme und Tastaturen in zentralen Shopfloors der Produktionsstätten, über die die Mitarbeiter sich über die Entwicklungen im Strategieprozess informieren und eigene Ideen einbringen können.

Zu Beginn einer Mitarbeiterversammlung in der Zentrale stellt der Vorstand das Vorgehen und die neue Kommunikationsplattform namens Jump! vor. Die Versammlung wird in alle Produktionsstätten übertragen. Zum ersten Mal in der Geschichte der Sklerotec AG erläutert der Vorstand allen Mitarbeitern offen, wie es um das Unternehmen bestellt ist. Die

Umsatzzahlen sind zwar noch erträglich. Die Nettomarge liegt aber im niedrigen einstelligen Bereich. Die Eigenkapitalquote weist noch eine stabile Höhe von 35 Prozent aus. Die Umsatzwachstumskurve ist in den letzten drei Jahren deutlich abgeflacht. Die geschilderten Bedrohungen des Geschäftsmodells zeigen Wirkung. So sind Wettbewerber besser in der Lage, Textilproduzenten Lösungen anzubieten, die immer näher an Losgröße eins heranrücken. Dass nun unter Beteiligung vieler eine Strategie für die Zukunft entwickelt wird, an der alle teilhaben können, löst Applaus aus. Es bestätigt sich:

In Zeiten großer Unsicherheit wollen Mitarbeiter keine fertigen Antworten. Glaubwürdigkeit erzielen wir durch ehrliche Fragen, ein klares Vorgehen, mit dem wir uns den Antworten annähern, und ernst gemeinte Beteiligungsformate.

Der Vorstand ist beeindruckt von Ihrem Einsatz und Ihrer Eigeninitiative zum Wohle des Unternehmens. Er erklärt sich bereit, das Reorganisationsprojekt »Leap Forward« bis auf Weiteres zurückzustellen. Sie können Ihr Glück kaum fassen. Am Abend der Mitarbeiterversammlung feiern Sie mit dem Strategieteam.

Warum gibt es uns?

»Warum gibt es uns?« Diese Frage steht am Anfang des ersten offiziellen Treffens des Strategieteams der Sklerotec AG. Wahrlich keine leichte Frage. Außen in einem aus drei Schalen bestehenden Kreis steht das Was, das Produkt, das wir im Jahr 20xy herstellen werden, die Dienstleistung, die wir anbieten, was uns vom Wettbewerb unterscheidet – Zahlen, Daten und Fakten. Das, was wir tun. Das ist die Ebene der Ratio des Menschen. Weiter innen liegt der Kreis des Wie, die Art und Weise, wie wir das Produkt produzieren und verkaufen, wie wir zusammenarbeiten und Leistung erbringen.

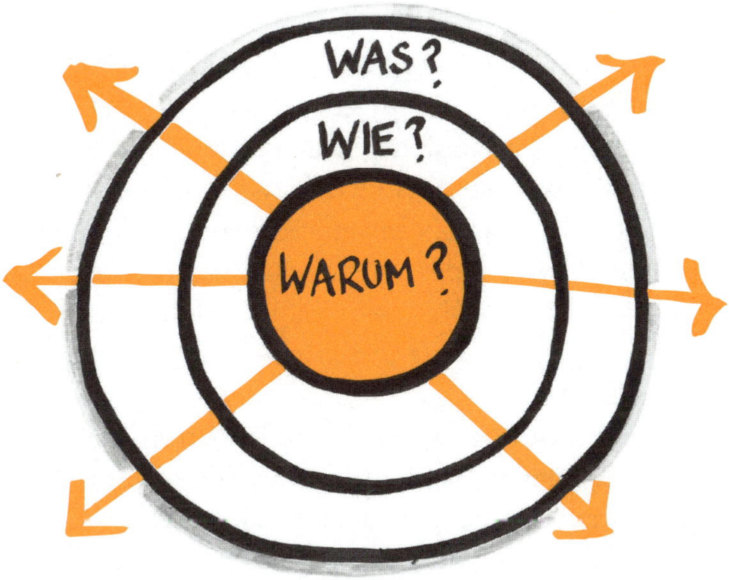

Im Inneren des Kreises steht das Warum. Warum tun wir, was wir tun, warum gibt es uns? Das ist die Ebene der menschlichen Überzeugungen, der Intuition und des menschlichen

Verhaltens. Das ist die Ebene, die andere – Kunden, Mitarbeiter, Gesellschafter, Bewerber – inspiriert. Sie bestimmt die Überzeugung, die Motivation und das Verhalten im täglichen Miteinander. Die Antwort auf diese Frage ist also direkt mit der Transformation verbunden, die vor Ihnen steht. Und sie ist angesichts der umwälzenden Umbrüche relevanter denn je.

Das Strategieteam der Sklerotec AG kommt nach zwei Tagen des Nachdenkens zu dem Ergebnis, sich mit der Antwort auf das Warum von der bisherigen Fokussierung auf den Kunden zu lösen und auf den Konsumenten zu schauen. Diese Perspektive einzunehmen ist ungewöhnlich für die Sklerotec AG, die sich bislang in ihrem Selbstverständnis ausschließlich als B2B-Anbieter verstanden hat. In der lebhaften Diskussion arbeiten Sie heraus, dass die Lösungen, die die Sklerotec AG anbietet, einem der wichtigsten Alltagsgegenstände des Menschen dienen: der Kleidung für jeden Anlass, für jede Witterung. Kleidung zwischen Notwendigkeit und Mode. Kleidung, die sich bald mittels künstlicher Intelligenz wie eine erste Haut an Hitze, Kälte, Nässe anpassen und Extreme ausgleichen wird. Kleidung als Ausdruck des individuellen Ichs, eine zweite Haut, in der sich jeder Mensch so wohlfühlen soll wie in seiner ersten: »Wir sorgen dafür, dass Menschen sich in ihrer zweiten Haut wohlfühlen!«

Zur Entscheidung über das Warum hat das Team übrigens erstmals die Konsent-Methode angewandt, die Sie im Transformationskreis kennengelernt haben. Zu einem »schwerwiegenden Einwand« kommt es bei der Abstimmung über den Vorschlag nicht.

Als hilfreich für die Disziplin der Arbeit im Team erweisen sich die Regeln der Zusammenarbeit, die sich das Team zum Start der Arbeit gegeben hat. Die zehn Werte der Addmaning

Gruppe enthalten brauchbare Anregungen. In ihren Beiträgen kommen die Teammitglieder stets zum Punkt. Jeder ist sehr gut vorbereitet, sodass sich die Treffen auf die Diskussion konzentrieren können. Für anstehende Aufgaben melden sich Teammitglieder. Kein Vergleich zur alten Meetingunkultur der Sklerotec AG!

Das Warum ist eine Revolution in der Geschichte der Sklerotec AG. In einem Unternehmen, das jahrzehntelang vom Drang nach technischer Präzision und Perfektion geprägt war, hätten die Mitarbeiter noch vor kurzem die Frage nach dem Warum mit dem Was, und zwar mit der technologischen Perfektion beantwortet, nach der alle streben. Es ist ein Unternehmen, das dank deutscher Ingenieurskunst weltweit führend geworden ist. Und jetzt eine Frage nach dem Warum, die mit dem Gefühl beantwortet wird, das die von der Sklerotec AG hergestellten Lösungen beim Endkunden auslösen! Zukünftig wird das Produkt nicht mehr von den Geschäftskunden der Sklerotec AG, den Textilunternehmen, sondern von deren Kunden, den Konsumenten, bestimmt. Um so denken und handeln zu können, muss die Sklerotec AG die Bedürfnisse seiner Kunden tief verinnerlicht haben. Die Organisation der Sklerotec AG muss auf die Perspektive des Konsumenten ausgerichtet sein und die des Kunden mitdenken.

Die Dialogplattform Jump!, die Kommunikationsplattform, in die das Strategieteam das Warum einstellt und in der es um Rückmeldung bittet, glüht weltweit. Das Strategieteam hat alle Hände voll zu tun, die vielen Fragen zu beantworten. Am Ende gibt es eine überwältigend große Zustimmung – mit der Ergänzung, den Slogan in englischer Sprache zu fassen, schließlich seien die meisten Kunden international und die Produktionsstätten ebenfalls in aller Welt verstreut:

> »We make people feel extremely comfortable in their second skin.«

Kooperationsfähigkeit sicherstellen

Aus dem Warum leiten sich zentrale Eckpfeiler für das Was im strategischen Zielbild der Sklerotec AG ab. Am Horizont erscheint ein Unternehmen, das zwar weiterhin Maschinen zur Herstellung von Stoffen und Garnen produziert. In diese Maschinen sind aber Verfahren integriert, die es ermöglichen, in die Stoffe winzige Kanäle einzubringen, die beim Sport Schweiß gleichmäßig auf der ganzen Haut verteilen. Die Sklerotec AG wird Verfahren entwickeln und vertreiben, die Textilproduzenten erlauben, Kleidung mit Sensoren, GPS zur Ortung und anderen softwarebasierten Zusatzfunktionen auszustatten. Die Anschlussfähigkeit der Anlagen der Sklerotec AG an das Netz stellt sicher, dass die Maschinen untereinander kommunizieren, dass sie in die Wertschöpfungskette des Kunden und seiner Partner integriert und über digitale Plattformen verbunden werden können. Auch Daten können nun zuverlässig generiert und verwendet werden, zum Beispiel, um Auftragsabwicklungen für Händler transparent zu machen und Abstimmungsschleifen zu vermeiden.

Das sind sehr ambitionierte Vorhaben. Das ist Ihnen klar. Manchmal wird Ihnen ganz schwindelig wegen der Zukunftsdimension, die Sie mit diesem Prozess angestoßen haben. Klar ist auch, dass die Sklerotec AG diese Vorhaben nicht alleine wird stemmen können. Die Sklerotec AG muss in Partnerschaften denken, Kooperationsfähigkeit sicherstellen und dieses Vorgehen ebenfalls im Zielbild und in den Zielen verankern. Wieder eine Revolution für das Unternehmen. Bisher pflegte es das berühmte »Not invented here«-Syndrom: Alles, was nicht von uns selbst hergestellt wird, erfüllt nicht unsere Qualitätsstandards. Dass diese gelegentlich an den Bedürfnissen vorbeigingen, ist ein Teil der Geschichte, warum das Unternehmen sich als sperrig gegenüber Neuerungen gezeigt und sich vor den Entwicklungen »da draußen« eingeigelt hat. Jetzt soll es sich bewusst öffnen und in Entwicklungsteams Kunden integrieren, um gemeinsam nach neuen Lösungen für die Bedürfnisse der Zukunft zu suchen. Ganz so, wie Sie das selbst als Kunde in der Addmaning Gruppe erlebt haben.

Überhaupt die Addmaning Gruppe. Bereits im Laufe der Strategieentwicklung stellt sich heraus, dass sie ein exzellenter Entwicklungspartner sein könnte. So wie der Addmaning Gruppe die Hardware für ihre softwarebasierten industriellen 3-D-Drucker fehlt, so sehr braucht die Sklerotec AG das Software-Know-how der Addmaning Gruppe. Und eine weitere Zielgruppe für Kooperationen kommt ins Blickfeld: In Deutschland, Österreich, der Schweiz und in Israel ist eine Reihe von Start-ups entstanden, die Geschäftsmodelle im Bereich intelligenter Kleidung und neuartiger Produktionsverfahren entwickeln. Hier sind Beteiligungen, Entwicklungspartnerschaften oder Unternehmenskäufe denkbar, um das eigene Know-how in diesen Zukunftstechnologien zu stärken.

Voraussetzungen für diese Partnerschaften sind eine Öffnung des eigenen Unternehmens, Kunden und Partner zu Teilen des eigenen Unternehmens zu machen, die eigenen Organisationsgrenzen zu öffnen. Wieder so ein riesiger Schritt weg vom Status quo, denken Sie sich …

Organisation an Ziele anpassen

Nach allem, was Sie über die Situation der Sklerotec AG wissen, was Sie über die Arbeitsweise der Addmaning Gruppe und im Nachgang gelernt haben, erwarten Sie ein Handlungsfeld »Organisation und Arbeitsweise an unser Zielbild anpassen«. Das Handlungsfeld orientiert sich an der Passage des strategischen Zielbilds, das sich mit der organisatorischen Aufstellung des Unternehmens befasst. Ganz nach der alten Lehre leitet sich die Organisation aus der Strategie ab.

»... Wir arbeiten, wo passend, in projekt- und kundenzentrierten Teams. In flachen Hierarchien fordern und leben wir Eigenverantwortung und klare, einfache Abläufe. Durch laufendes Testen und Optimieren passen wir uns schnell an veränderte Rahmenbedingungen an und treffen mutige Entscheidungen.

Innerhalb der Gruppe arbeiten wir als ein Team. Wir haben unsere Kompetenzen und Aufgaben zwischen einer strategisch steuernden Zentrale und operativ arbeitenden Vertriebs- und Produktionsstätten nah an unseren Märkten aufgeteilt ...«

In diesen wenigen Zeilen liegt Sprengstoff, und das gleich in mehrerer Hinsicht.

Zum einen bedeutet schon die teilweise – »wo passend« – Hinwendung zu projekt- und kundenzentrierten Teams die schleichende Auflösung der Linienfunktionen. Und mit ihnen auch die Hierarchieebenen der Abteilungs- und Bereichsleiter. Denn wenn cross-kompetente Teams die erforderlichen Kompetenzen in sich vereinigen, braucht die Organisation auf Dauer keine abgeteilten Funktionen, Abteilungen mehr.

Zum anderen beinhaltet der zweite Absatz einen Frontalangriff auf die beschwerliche und komplexitätstreibende Matrixorganisation. Neben den projektzentrierten Teams wird ein zweites Ordnungskriterium etabliert, das das Zusammenspiel zwischen Zentrale und Fläche betrifft. Wenn die Zentrale keine operativen Aufgaben mehr hat, sondern nur strategische – wie strategisches Controlling, Unternehmenskommunikation und Strategieentwicklung –, wird sie erheblich kleiner sein. Die Musik spielt in den Regionen. Hier wird der Vertrieb angesiedelt sein, nahe an den Märkten. Dort, wo man die Kundenbedürfnisse besser kennt und bedienen kann. Global aufgestellte Schlüsselkunden werden kompromisslos von dort aus betreut, wo deren Hauptsitz ist.

Ganze Abteilungen, wie die Innovations- und Qualitätsabteilung, werden in der Zentrale aufgelöst. Entwicklung und Innovation finden in Entwicklungsteams statt, die sich dort bilden, wo der Anstoß für eine Weiterentwicklung erfolgt. Getreu Ihrer Beobachtung zu Beginn des Prozesses, dass nämlich im Unternehmen viele kreative Ideen vorhanden sind, wollen Sie Innovation nicht mehr in eine Abteilung gezwängt sehen, sondern Innovation in das Unternehmen hinein öffnen. Sie rufen auf zu Wettbewerben um innovative Ideen entlang

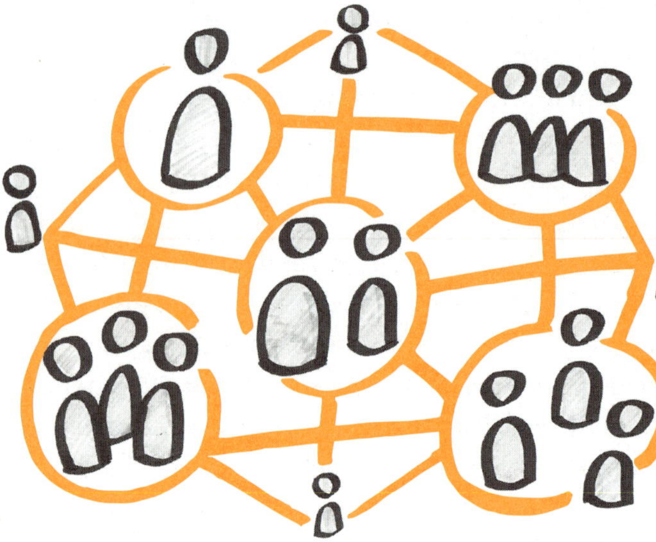

der kommunizierten Strategie. Anstatt dass ein Gremium sodann über die Umsetzung von Ideen entscheidet, gibt die Sklerotec AG der Zukunft Mitarbeitern überschaubares Geld an die Hand, um Prototypen zu bauen und diese bei guten Kunden zu testen. In einem interaktiv gestalteten Teil der Website der Sklerotec AG, im »Sklerotec Open Partnership Ecosystem«, posten Mitarbeiter technische oder Softwareprobleme. Weltweit bringen sich externe Tüftler ein und gewinnen Preise für ihre Lösungsvorschläge. Es gibt sogar kollaborative Projekte der Entwicklungsteams der Sklerotec AG mit Externen in geschützten virtuellen Umgebungen. Die Sklerotec AG schützt Patente von externen Entwicklern und beteiligt sie im Erfolgsfall an den Gewinnen. Bei der Addmaning Gruppe, die so seit fünf Jahren agiert, führt dieses Vorgehen zu einer Kürzung der Entwicklungszeit um bis zu 40 Prozent.

Was Qualität in Zukunft bedeutet, entscheidet der Kunde, nicht mehr eine zentrale Abteilung. Was Qualität ist, wird zudem in unterschiedlichen Märkten unterschiedlich bewertet.

Als sehr hilfreich bei der Konzeption der neuen Organisation erweist sich eine Vorgehensweise in sieben Schritten, die Sie in einer Workshopserie mit sorgfältiger Vor- und Nachbereitung im Strategieteam anwenden:

- Erstens vergegenwärtigen Sie sich die Anforderungen und Erfolgsfaktoren der neuen Organisation. Diese leiten sich zum einen aus dem Zielbild ab. Zum anderen konkretisieren Sie die Anforderungen in *Form von Leitlinien für die Organisationsentwicklung*, wie zum Beispiel das Arbeiten in Projektteams statt in Funktionen oder den Anspruch, grundsätzlich effiziente Abläufe einzuführen.
- Diese Leitlinien legen Sie zweitens an die bestehende Organisation an, um so die größten *Abweichungen zwischen SOLL und IST* zu identifizieren. Sie erfassen auch die bestehende Anzahl der Mitarbeiter und legen eine Basis an Fixkosten fest, die Sie am Ende des Vorgehens mit dem SOLL abgleichen werden.
- Drittens – *Organisation entwickeln* – definieren Sie die Aufgaben, die die neue Organisation erledigen muss und die sich aus dem Zielbild und den strategischen Zielen ergeben. Diese Aufgaben erfassen und beschreiben Sie näher

und entwickeln auf der Grundlage eine organisatorische Struktur, bei der nicht funktional angeordnete Kästchen, sondern die Verbindungen zwischen Aufgaben sichtbar werden. Eine Darstellungsform kann ein Dynamogramm sein. Sie definieren die Anforderung an die Kultur der Zusammenarbeit in Form von Regeln, wie sie sich auch die Addmaning Gruppe gegeben hat.

- Viertens – *Kompetenzen definieren* – leiten Sie Anforderungen aus den definierten Aufgaben ab und definieren daraus erwachsende erforderliche Kompetenzen und Profile. Im Gegensatz zu statischen Stellenbeschreibungen sind Profile gröber, lassen Raum für das Ausfüllen der Aufgabe mit eigenen Schwerpunkten und Stärken der Menschen, die die Aufgaben bearbeiten. Sie passen sich dynamisch an neue Anforderungen an.
- Fünftens gleichen Sie die neue Zielorganisation mit den innewohnenden Fixkosten mit der Basislinie aus dem zweiten Schritt ab und identifizieren Mehr- oder Minderkosten. Einen ebensolchen *Abgleich* führen Sie mit den Kompetenzen im SOLL und IST der Organisation durch. Daraus ergeben sich erforderliche Personalentscheidungen.
- Sechstens erarbeiten Sie einen Umsetzungsplan für die neue Organisation in einem schrittweisen Vorgehen. Sie definieren einen Startpunkt für die neue Organisation, der in einem Abstand von einem Jahr nach Fertigstellung der Konzeption liegen sollte. Wichtiger Bestandteil des Umsetzungsplans ist neben erforderlichen Trainings und Coachings für diejenigen Führungskräfte und Mitarbeiter, die eine Veränderung erfahren, ein gut durchdachter Kommunikationsplan. In diesen sind auch Mitbestimmungsgremien wie Betriebsrat und Gewerkschaft integriert.

Besondere Aufmerksamkeit erfahren die Führungskräfte, die ja an vorderster Stelle die neue Organisationsform vertreten und erforderliche Personalentscheidungen treffen und begleiten.

- Im siebten Schritt erfolgt die Umsetzung der neuen Organisation mitsamt der neuen Zusammenarbeit. Die Umsetzung begleiten Sie als Strategieteam koordinierend. In dieser Phase finden unzählige Personalgespräche zwischen Mitarbeitern und deren Führungskräften statt.

Bis zur Umsetzung wird es ein weiter und beschwerlicher Weg sein, der von vielen unbequemen Entscheidungen gepflastert sein wird. Das Strategieteam und der Vorstand haben großen Respekt vor den mit der Transformation einhergehenden Herausforderungen. Sie beschließen, Ihren Transformationskreis intensiver zu nutzen, und führen gezielte Interviews mit den Teilnehmern. Sie wollen von deren Erfolgen und Fehlern lernen und die Lernerfahrungen in die Transformation der Sklerotec AG einbringen.

Ein Bild für die neue Organisation finden

Ein Mitglied des Transformationskreises beobachtet bei den Mitarbeitern seines Verantwortungsbereichs einen starken Wunsch nach sichtbarer Zugehörigkeit. Jeder Mitarbeiter und jede Führungskraft will wissen, wo sie oder er hingehört, und dies für sich und andere abgebildet sehen. Möglicherweise ist diese Sehnsucht in einer Phase der Transformation besonders groß.

»Unser Dynamogramm ist ein wichtiger Ankerpunkt. Es leitet uns durch den Veränderungsprozess und bietet Orientierung. Da schauen auch alle mit Argusaugen drauf: Wehe, wenn sich da ein Kreis verändert. Das wirft sofort Fragen auf, die wir beantworten müssen.«

Projektleiter Transformation eines mittelständischen Unternehmens

Das Strategieteam beschließt, sich der Frage der Abbildung der neuen Organisation anzunehmen. Wenn das alte Organigramm mit seinem pyramidalen Aufbau – der Chef oben, darunter die einzelnen Hierarchieebenen, die Kästchen verbunden mit vertikalen Strichen – ausgedient hat: Was tritt an seine Stelle? Jeder, mit dem Sie gesprochen haben, beantwortet die Frage unterschiedlich. Das eine Unternehmen visualisiert die Beziehungen in Form eines zweidimensionalen Netzwerks, das nächste in einem dreidimensionalen, softwaregestützten dynamischen Gebilde, das dritte in einem Dynamogramm.

So unterschiedlich die Visualisierung der Zusammenarbeit auch ausfällt, so sehr weisen doch alle Darstellungsformen Gemeinsamkeiten auf:

- Die *Leitung des Unternehmens* steht nicht mehr oben, sondern *in der Mitte* der Darstellung. Diese Ausdrucksform zeigt das neue Führungsverständnis: Die Führungskräfte sind verantwortlich dafür, dass die Zusammenarbeit untereinander funktioniert. Manche Unternehmen haben auch den Kunden in die Mitte ihrer Organisationsgrafik gestellt. In diesem Fall ist die Leitung einer von mehreren Kreisen, der das Zentrum umgibt.
- Arbeitsbereiche oder Teams sind als miteinander verbundene Kreise dargestellt, meist kreisförmig um das Zentrum herum. Kreise und Kreisformen statt der üblichen Kästchen und deren Verbindung von oben nach unten. Dies mag zunächst als Nebensächlichkeit erscheinen. Tatsächlich rückt die *Zusammenarbeit* untereinander und mit dem Kunden ins *Zentrum der Gestaltung*. Der Fokus geht weg von der Abgrenzung von Zuständigkeiten und hin zum verbindenden Ganzen.
- Die klassischen *Grenzen des Unternehmens* zum Kunden und zu externen Partnern *verschwimmen*. Der Kunde wird Teil des Unternehmens und dringt in alle Bereiche des Unternehmens ein. Gleiches gilt für externe Partner, mit denen die Organisation gemeinsam an Lösungen arbeitet.

Statt sich ständig mit sich selbst zu beschäftigen und den Kunden aus dem Blickfeld zu verlieren, wie es in der alten Welt an der Tagesordnung ist – führen Sie sich nur die Anzahl interner Meetings an einem Tag vor Augen –, öffnet sich die neue Organisationsform nach außen. Sie weiß, dass die Herausforderungen nicht mehr alleine und abgeschottet zu meistern sind.

Ein Kollege aus dem Transformationskreis berichtet, dass die Umstellung der Organisationsgrafik in seiner Organisation eine hohe Signalwirkung für die Ernsthaftigkeit der beabsichtigten Transformation erzeugt hat. Dass die Unternehmensleitung sichtbar in der Mitte platziert ist und nicht mehr an der Spitze eines Organigramms thront, erhöht die Glaubwürdigkeit des Transformationsprozesses. Dies wird bei einem weiteren Townhall-Meeting aller Mitarbeiter offensichtlich, bei dem der Vorstand die neue Organisation vorstellt. Der Vorstand macht deutlich, dass sich die Grafik in laufender Bearbeitung befindet und er bei jeder der regelmäßigen Mitarbeiterversammlungen eine weiter ausgearbeitete Version vorstellen wird.

Das Dynamogramm, das die Mitarbeiter der Sklerotec AG bei dieser Versammlung zu sehen bekommen, weist keine Namen auf, sondern konzentriert sich auf die Aufgaben als Bezeichnung von Arbeitsbereichen. Es wird deutlich, dass die neue Organisationsform nicht mehr von »Funktionen«, sondern von Aufgaben und Kompetenzen spricht. Das Dynamogramm orientiert sich weg von Funktionen und richtet sich auf den Kunden und auf die Sachthemen aus, die nur mit unterschiedlichen Kompetenzen in laufender Zusammenarbeit zu lösen sind.

Am Beispiel der früheren Innovationsabteilung illustrieren Sie diese Wendung. Früher war eine Abteilung für alle Innovationen im Unternehmen zuständig. Diese musste sich mit anderen Abteilungen, wie Controlling oder Produktion, abstimmen, was zu einer Flut von Meetings und Abstimmungsschleifen führte. Zumal die Funktionen nur in ihrer Funktionslogik agierten, es viele Verständigungsschwierigkeiten gab und der Abstimmungsprozess stets langwierig war. Versuche, die Abstimmungen und Genehmigungserfordernisse in Prozesse zu kleiden, waren in den vergangenen zehn Jahren ziemlich kläglich gescheitert.

Sie nehmen zustimmendes Gemurmel im Publikum wahr. In der Tat ist der Versuch, Prozessbeschreibungen zu erstellen und umzusetzen, allen als frustrierende Erfahrung in Erinnerung. In der Zukunft arbeiten wechselnde Teams jeweils an einem konkreten Entwicklungsthema. Ein Team ist von vornherein mit den Kompetenzen besetzt, die für die Erarbeitung des Themas erforderlich sind. Es löst bestehende Verständigungsschwierigkeiten in direkter Ansprache. Alle Teammitglieder erhalten Trainings in agilen Arbeitsweisen und werden bei ihren ersten Schritten von einem Moderator angeleitet. Die Abstimmung, die vorher zwischen Funktionen stattfand, wird dauerhaft in die Mitte der Teamarbeit gerückt.

Die Mitarbeiter sehen nun cross-kompetent besetzte Projekt-, Entwicklungs- und Kundenteams im ersten Kreis um die Unternehmensleitung. Diese Kreise sind untereinander und mit der Unternehmensleitung verbunden. In einem zweiten Kreissegment sind unterstützende, in ihrer Aufgabenstellung homogen zusammengesetzte Teams zu sehen: »Finances«, »Controlling«, »People & Culture« – den Begriff Human Resources haben sie endgültig verbannen können –, »IT & Digital Support« und andere mehr. Hier finden sich viele der versammelten Mitarbeiter wieder. Auch diese Kreise sind untereinander verbunden.

Im Anschluss an die Vorstellung des neuen Dynamogramms laden Vorstand und Strategieteam die Mitarbeiter zu Fragen ein. Es entsteht eine lebhafte Diskussion. »Wer bestimmt, welches Teammitglied eines unterstützenden Teams zu wie viel Prozent seiner Zeit nicht mehr Teil des unterstützenden, sondern des Projektteams ist?« »Wer überschaut die zeitlichen Ressourcen, die dem Unternehmen in Form von Arbeitszeit zur Verfügung stehen, und wer teilt diese ein?« »Fallen bei dieser neuen Organisationsform Abteilungen und Arbeitsplätze weg?« »Wie lange dauert die Umstellung auf die neue Organisationsform?« »Wann steht das endgültige Dynamogramm?« »Wann stellen wir die Organisation um?« »Wer sind die Chefs in den einzelnen Kreisen?« »Wenn die klassischen Berichtslinien in den Teams aufgelöst sind, wer genehmigt mir meinen Urlaub?« »Wie übertragen wir das Dynamogramm auf die gesamte Gruppe?«

Sie bedanken sich für diese guten Fragen, die Sie als Anregung für die weitere Ausgestaltung des Dynamogramms und der dahinterstehenden Organisationsform mitnehmen. Strategieteam und Vorstand werden im Laufe der kommenden Wochen und Monate entweder über Jump! oder bei regelmäßigen Mitarbeiterversammlungen auf jeden Punkt eingehen. Ein Mitarbeiter bringt die Idee ein, die unterstützenden Teams als »Heimathäfen« zu bezeichnen. Das setzen Sie gleich um, weil es die Rolle der unterstützenden Teams treffend wiedergibt.

Einige der Fragen beantwortet der Vorstand sofort. So bereitet er die Mitarbeiter darauf vor, dass auch in Zukunft die Organisationsentwicklung jemals so wenig abgeschlossen sein wird, wie die Dynamik des Marktes je erlahmen wird. Das Dynamogramm heiße nicht umsonst Dynamogramm: Die Organisation werde sich ständig dynamisch weiterentwickeln. Dies läge schon daran, dass sich projekt- und kundenzentrierte Teams ständig auflösen und sich je nach Auftragslage wieder neu zusammensetzen werden. »Wenn wir kein festes Organigramm mehr haben, was hält uns dann zusammen?«, kommt eine Zwischenfrage aus dem Publikum. Was für eine gute Frage, denken Sie sich. Eine Steilvorlage für eine wichtige Botschaft:

Das Warum und unsere gemeinsam erarbeitete Strategie hält uns zusammen. Das Wohin, sosehr wir es auch immer wieder auf den Prüfstand stellen, gibt uns Sicherheit und Orientierung in der Ungewissheit. Umso wichtiger, dass wir diese Dinge gemeinsam erarbeiten und ein gemeinsames Verständnis des Sinns und der Ausrichtung unseres Unternehmens erreichen, das uns trägt.

In einer späteren Version werde das Dynamogramm auch dreidimensional und softwaregestützt dargestellt, so kündigt es der Vorstand abschließend an. Bei der Erarbeitung habe sich herausgestellt, dass Zweidimensionalität die Dynamik der Organisationsentwicklung nicht befriedigend abdecke. Es gibt nicht nur ein Oben und ein Unten, sondern auch ein Davor und Dahinter in der Verbundenheit der Arbeitsbereiche.

Am Ende der Mitarbeiterversammlung sind viele Fragen nicht beantwortet. Und trotzdem gibt es Applaus. Die Mitarbeiter fühlen sich einbezogen. Es besteht das Vertrauen, dass Sie gemeinsam die offenen Fragen Punkt für Punkt abarbeiten und Ängste vor Veränderung auf diese Weise umarmen.

Mit Pilotteams agile Arbeitsweisen ausprobieren

Das Strategieteam arbeitet bereits nach agilen Arbeitsweisen: tägliche Stand-up-Meetings, Retrospektiven, Projektfortschritte an Whiteboards sichtbar machen, ausprobieren. Nun wollen Sie erste inhaltlich arbeitende Teams aufstellen, damit die neue Arbeitsweise für mehrere Menschen im Unternehmen erfahrbar wird. Auch wollen Sie im Strategieteam mit den Erfahrungen anderer lernen und die Lernerfahrungen für das weitere

Verbreiten der neuen Arbeitsweisen nutzen. Wichtige Parameter für Pilotteams, die aussagekräftige Lernerfahrungen hervorbringen, sind:

- Sich ein Thema mit hoher Relevanz für Geschäftsmodell oder Transformation auswählen. Nur so kann die Erfahrung Verbindlichkeit entfalten.
- Das Team soll sich verantwortlich für konkrete Ergebnisse zeigen.
- Es soll autonom an dem Thema arbeiten können und ausreichend ausgestattet sein mit Kompetenzen und mit sonstigen Ressourcen. Dazu gehört auch der Weiterbildungsbedarf eines Mitglieds zum Teamleiter und Moderator.
- Es soll eng mit einem Kunden oder Partner zusammenarbeiten und diesen direkt in das Team integrieren.
- Das Thema soll schnelle Prototypen und Ausprobieren erlauben. Es sollte sich also um ein Thema handeln, dessen Ausgang ungewiss ist.
- Die Arbeit des Teams soll durch einen Mentor im Vorstand begleitet werden. Dieser steht ihm für Rückfragen zur Verfügung und achtet darauf, dass das Team alles hat, was es braucht, um die Aufgaben zu erfüllen.

Sie rufen sich, dem Strategieteam und dem Vorstand in Erinnerung, dass das Team zwar eine klare Zielsetzung und ein Budget mit auf den Weg bekommt. Aber im Gegensatz zum herkömmlichen Projektmanagement werden keine Meilensteine gesetzt. Es erfolgt keine regelmäßige Berichterstattung gegenüber dem Vorstand oder einem Steuerungsgremium über den Fortschritt der Arbeit.

Der Fokus eines ersten Pilotteams ergibt sich aus einem Zufall. Ein Kunde tritt an den Vertriebsvorstand heran und fragt, ob die Sklerotec AG in der Lage sei, Maschinen für die Produktion von Stoffen herzustellen, in die GPS-Verortung eingewoben werden kann. Das Vorgehen soll auch skalierbar sein. Ein spannender, für das Unternehmen zukunftsweisender Auftrag. Natürlich sagt der Vertriebsvorstand zu. Er übergibt die Aufgabe wie üblich in Abstimmung mit seinen Kollegen an das Engineering.

Es bildet sich eine Arbeitsgruppe, die ein Projekt nach dem üblichen Schema gestalten soll. Schon die Terminkoordination erweist sich als schwierig. Die Beteiligten haben alle Hände voll zu tun. Zudem sind es immer wieder dieselben, die für solche Entwicklungsaufgaben herangezogen werden. Sie ersticken in Sonderaufgaben und kommen kaum dazu, ihre operative Tagesarbeit zu verrichten, wie sie immer wieder beklagen. Die Arbeitsgruppe Prozessschritte fest, an die Meilensteine geknüpft sind. Sie erarbeitet einen Vorschlag für das Budget und legt einen Projektvertrag an, in den die genannten Informationen eingetragen werden, sowie die der Mitglieder der Arbeitsgruppe, der Zeitschiene des Projekts und eine nähere Beschreibung der Aufgabenstellung. Schließlich diskutiert die Gruppe die Zusammensetzung eines Steuerungskreises, dem die Projektgruppe alle drei Monate über den Fortschritt berichten muss und der die Risiken im Auge behält: »Welche fachliche Expertise sollte im Steuerungskreis vertreten sein?« »Wen müssen wir aus politischen Gründen einbinden?« »Welche Eskalationsstufe bauen wir ein, falls sich das Steuerungsgremium nicht einigen kann?«

Zwei Monate nach der Übertragung der Aufgabe tritt die Arbeitsgruppe mit dem Vertriebsvorstand zusammen und stellt ihm den Stand der Überlegungen und den anstehenden Fahrplan »zur Freigabe« vor, wie es üblicherweise heißt. Im Laufe der Sitzung wird dem Vorstandsmitglied immer unwohler. Während er die PowerPoint-Präsentation über sich ergehen lässt, reflektiert er in Gedanken die neuen Arbeitsweisen, die sich die Sklerotec AG vorgenommen hat. Das, was er hier sieht, und das, was die Zukunft der Zusammenarbeit im Unternehmen ausmachen soll, passt so gar nicht zusammen. Er erkennt auch, warum die PowerPoint-Präsentation stolze 60 Seiten lang ist. Allein die ersten zehn Seiten beschreiben die Aufgabenstellung in extenso und erklären, wer warum Teil der Arbeitsgruppe und des Steuerungskreises sein muss. Dem Vorstandsmitglied wird bewusst, dass dieser Detaillierungsgrad Ausdruck von Absicherungsbedürfnis und Misstrauen ist, das sich aus den schlechten Erfahrungen der Vergangenheit speist. Oft liefen solche Vorhaben über ein Jahr. Erst in der letzten Sitzung entschied sich der Vorstand wegen zu hoher Risiken oder weil ein anderes Thema zwischenzeitlich wichtiger wurde, doch gegen die Umsetzung. Oder es war spürbar, dass der Vorstand von vornherein gegen eine neue Idee war. Um die Organisation aber nicht zu enttäuschen und ihr auch einmal etwas Freiheit zu geben, ließen sie die Arbeitsgruppe gewähren – bis es zur Entscheidung über die Investition kam. Dann zog man die Reißleine. Diesen Frustrationen möchte die erfahrene Arbeitsgruppe vorbeugen. Niemand solle nachher sagen können, dass er von nichts wusste.

Am nächsten Morgen schlägt er seinen Kollegen und Ihnen vor, das Vorhaben nach neuer Arbeitsweise in einem Pilotteam zu realisieren. Rasch bildet sich ein solches Team, das den Kunden direkt in das Vorhaben integriert. Sie sind gespannt, wie es weitergeht.

Die Engineeringtruppe ist übrigens angesichts ihrer permanenten Arbeitsüberlastung nicht unglücklich über den Entzug des Vorhabens.

Mit dem Vorstand kommen Sie überein, dass außer diesem Kundenentwicklungsprojekt auch ein zukünftiger Heimathafen als Testmodell für agiles Arbeiten dienen soll. Sie entscheiden sich für People & Culture. Diesem Bereich kommt eine große Bedeutung im Zusammenhang mit der Anpassung der institutionellen Rahmenbedingungen im Personalbereich an die neue Organisationsform zu: Gehaltsmodell einschließlich variabler Bestandteile, Jahresgespräche und die damit verbundene Leistungseinschätzung und andere frühere »HR-Instrumente« mehr, die es anzupassen gilt.

Externe Scrum Master begleiten die Pilotteams auf ihrem Weg. Nach einem halben Jahr werden sie ihre Lernerfahrungen in der Zusammenarbeit reflektieren und im Rahmen einer Mitarbeiterversammlung vorstellen.

Eine Bewegung anzetteln und wachhalten

Mit der gelungenen zweiten Mitarbeiterversammlung hat die Sklerotec AG eine Bewegung losgetreten, die bei aller Skepsis und Gegnerschaft Energie nach vorne ausgelöst hat. Wie Sie in Jump! nachlesen und bei mehreren Gesprächen auf den Fluren hören, wirkt die inhaltliche Herleitung der neuen Organisationsform besonders überzeugend. Sie ist eine fast logische Folge aus dem Warum und Wohin der Strategieentwicklung. Das realisieren die Mitarbeiter. Der größte Aha-Effekt bei den Mitarbeitern tritt indes ein, als die strategischen Ziele in der ersten Mitarbeiterversammlung nicht von früher zuständigen

Funktionsträgern vorgestellt werden, sondern ohne Ansehen der alten Hierarchie von denjenigen, die sie mit entwickelt haben.

Auch die Zusammensetzung des Pilotteams wird genau beobachtet. Es war keine leichte Prozedur. Denn im alten Reflex hat der Vorstand zunächst von sich aus Entscheidungen über den Inhalt und die Zusammensetzung des Pilotteams getroffen und verkündet. Nachdem das Strategieteam mit Unterstützung der externen Begleiter interveniert hat, hat der Vorstand die Entscheidung über Jump! zurückgenommen und sie den Mitarbeitern überlassen. Diese offen kommunizierte Zurücknahme der Entscheidung des Vorstands stellt einen weiteren wichtigen Baustein für die Glaubwürdigkeit der Transformation dar. Ein offenes Eingeständnis eines Fehlers durch den Vorstand hat es noch nicht gegeben!

Von anderen Transformationsfällen haben Sie gelernt, dass es im Laufe des Transformationsprozesses wichtig ist, die ganz normalen Aufs und Abs einer so grundlegenden Veränderung explizit zu machen. In Jump! stellen Sie eine Veränderungskurve mit den entsprechenden Zyklen ein.

Die Kurve zeigt allen, dass es ganz normal ist, dass die erste begeisterte Aufbruchstimmung sich in ein Tal der Tränen verwandelt, wenn die Dimensionen der Transformation und die direkte Betroffenheit der Veränderung spürbar werden. Schritt für Schritt arbeitet sich das Unternehmen aus der Tiefstimmung heraus und erklimmt im besten Fall die Höhen, derentwegen die Transformation initiiert wurde.

In ähnlicher Weise ist eine explizite Darstellung für die Teamarbeit wichtig. Am Anfang geht es etwas holprig los. Die Mitglieder lernen sich erst kennen, finden sich als Gruppe, und jeder findet seinen Platz in der Gruppe. Das Team verständigt

sich über die Ziele, die es erreichen möchte, und den Ansatz eines Weges, auf dem es sich zum Ziel aufmacht. In dieser Phase formt sich die Gruppe (»Forming«-Phase). Das Team beginnt an seinen Zielen zu arbeiten. Differenzen treten offen zutage. Es geht um Führungsansprüche, Status, unterschiedliche persönliche Ziele und eine unterschiedliche Art zusammenzuarbeiten (»Storming«-Phase). Vor dem Hintergrund der auftretenden Konflikte gibt sich das Team in der dritten Phase Regeln der Zusammenarbeit ähnlich denen, die Sie bei der Addmaning Gruppe gesehen haben. Dazu gehören auch Verfahren zur Entscheidungsfindung wie das Konsent-Verfahren (»Norming«-Phase). In der letzten Phase schließlich verfolgt das Team gemeinsam seine Ziele. Die Mitglieder unterstützen und wertschätzen sich gegenseitig. Abweichende Meinungen in der Sache werden ausgesprochen, akzeptiert und fördern die Kreativität des Teams (»Performing«-Phase). Die Selbstverständlichkeit, mit der das Auf und Ab eintritt, gibt Sicherheit.

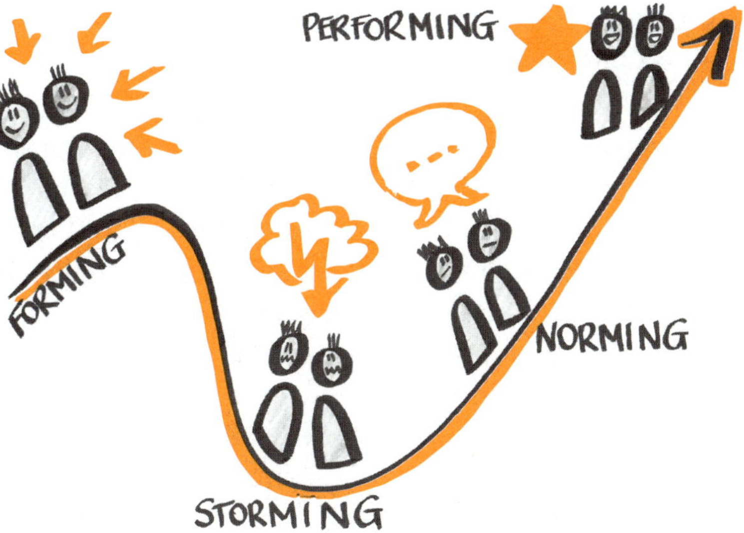

Sie führen über Jump! im Halbjahresrhythmus eine Umfrage unter den Mitarbeitern zur persönlichen Einschätzung des Stands der Transformation durch: »Was läuft aus deiner Sicht gut bei der Transformation? Was nicht?« »Was können wir verbessern?« »Welchen Beitrag willst du zum Gelingen des Transformationsprozesses leisten?« Die letzte Frage ist die wichtigste. Sie wollen damit signalisieren, dass die Transformation nicht Aufgabe eines Teams ist, sondern in der Verantwortung aller steht. Schließlich haben alle Mitarbeiter Gelegenheit, ihre Anregungen zu Strategie und Organisationsform einzubringen. Und schließlich ist es ihre Strategie und Organisationsform. Das bedeutet, sie tragen Mitverantwortung für die Umsetzung. Sie werten die Antworten aus, stellen sie auf der nächsten Mitarbeiterversammlung vor und geben Feedback zu jeder einzelnen Anregung.

Zusammenspiel mit externer Unterstützung

An verschiedenen Stellen des bisherigen Transformationsprozesses treten »externe Unterstützer« auf: Scrum Master, Moderatoren und Strukturierer der Strategieentwicklung. Es sind Erfahrungen, Strukturierungsfähigkeit und ein neutraler Blick auf den Transformationsprozess gefragt, die naturgemäß einem Unabhängigen leichter fallen als denen, die tief in der bestehenden Organisation eingebunden sind. Sie empfinden es als hilfreich, dass externe Begleiter Erfahrungen aus anderen Transformationsprozessen spiegeln und diese an die Bedürfnisse der Sklerotec AG anpassen helfen. Andererseits erklären Ihnen die externen Begleiter, dass sie ohne ein starkes transformationskoordinierendes internes Team nichts bewirken können. Es ist verlässlicher Ansprechpartner und Umsetzer. Gute externe Moderation in besonderen Konfliktfällen beweist sich einfach immer wieder als segensreich.

Ein Beispiel dafür ist ein Workshop mit dem Engineering. Es hat sein Handeln bisher stets am perfekten Produkt ausgerichtet, bevor dieses in den Markt ging. In Entwicklungsbereichen gilt es nun, völlig anders zu arbeiten. Neuentwicklungen werden schon im frühen Stadium mit dem Kunden ausprobiert. Die Diskussion mit den erfahrenen Ingenieuren erweist sich als extrem zäh und konfliktiv. Dank der klugen Moderation und sorgfältigen Vorbereitung des Workshops ist es gelungen, den neuen Anspruch klar zu definieren und die unterschiedlichen Positionen sauber herauszuarbeiten. In der Folge des Workshops stehen Führungsgespräche des Vorstands mit allen Teilnehmern an, die deren zukünftigen Aufgaben im Unternehmen entwickeln.

Der Wert eines von allen respektierten externen Begleiters beweist sich auch in der Arbeit mit dem Vorstand. Sichtbar ist dies bei der Rücknahme der Entscheidung über Thema und Zusammensetzung der Pilotteams. Ein Vorstandsmitglied geht zudem nur zögerlich den neuen Weg mit. Seine erste Reaktion auf Autonomie und Eigenverantwortung sowie selbst organisierte Teams ist: »Bitte, wenn die Mitarbeiter alles alleine machen sollen, dann geben wir ihnen alle Freiheit, kümmern uns ein halbes Jahr nicht drum und sehen dann, was dabei rauskommt! Ihr werdet schon sehen, dass das Ganze im Chaos endet und sie die Karre vor die Wand fahren.« Es bedarf eines erfahrenen, unabhängigen Begleiters, der die Stirn hat, dem Vorstand gegenüberzutreten und dagegenzuhalten: »Die Gewährung von Autonomie und Eigenverantwortung bedeutet nicht, dass die ersten Schritte auf diesem für die Organisation so ungewohnten Weg nicht intensiv begleitet werden müssen. Durch Weiterbildung. Durch Mentoring. Durch sichtbare Unterstützung des Prozesses auf allen Kommunikationskanälen durch den Vorstand. Durch gebetsmühlenartiges Wiederholen des Warum des Prozesses. Und durch eigenes Vorangehen bei den neuen Arbeitsweisen.«

Es ist ferner ein hartes Stück Arbeit, den Vorstand davon zu überzeugen, dass die klassischen Vorstandszuständigkeiten – Finanzen/Controlling, Vertrieb, Produktion – in der neuen Organisationsform konsequenterweise wegfallen. Da Sie bei den vorstandsinternen Treffen nicht dabei sind, lesen Sie die Widerstände, die sich da auftun, an der Intensität und Häufigkeit der Vorstandssitzungen ab, die in der fraglichen Phase der Transformation stattfinden. Sich von angestammten Verantwortungsbereichen zu trennen fällt auch Vorstandsmitgliedern schwer. »Wer berichtet dann noch an mich?« »Wenn meine

Direct Reports wegfallen, mit wem bespreche ich mich dann in meinem Zuständigkeitsbereich?« So lauten die ersten reflexhaften Reaktionen in der entscheidenden extern moderierten Vorstandsrunde, berichtet später der Vorstandssprecher. Der Vorstand einigt sich schließlich auf eine fest definierte Übergangszeit von zwei Jahren, innerhalb derer die Vorstandsmitglieder vorübergehende Mentorenschaften für ihre angestammten Verantwortungsbereiche übernehmen. Bei dieser Einigung war die neutrale externe Moderation erfolgskritisch.

Der Vorstand erarbeitet auch Regeln der Zusammenarbeit untereinander: »Wir streiten nach innen, sprechen aber nach außen mit einer Stimme.« »Wir geben uns offen und zeitnah Feedback und sind bereit zur Selbstkritik.« »Wir fokussieren uns und priorisieren.« Zu Beginn jeder Vorstandssitzung überprüft der Vorstand den Status seiner Zusammenarbeit anhand des Teammonitors. Einen externen Begleiter braucht es schon bald nicht mehr.

Mit Widerständen umgehen

»Ich habe unterschätzt, wie wichtig vielen Führungskräften Status und Hierarchie sind.«

Geschäftsführer eines mittelständischen Unternehmens

Widerstände überwinden wird bald zur wichtigsten Aufgabe Ihres Teams. Das kommt nicht unerwartet, haben Sie sich doch vor dem Start des Transformationsprozesses die Hürden vor Augen geführt, die Sie erwarten. Dennoch überrascht Sie die destruktive Kraft von Widerständlern, wenn es ans Eingemachte geht. Äußerer Status und das eigene Bild von sich und anderen zählen entscheidend viel. Sie hatten gehofft, dass die Zukunftsfähigkeit des Unternehmens schwerer wiegt als der Egoismus des Einzelnen.

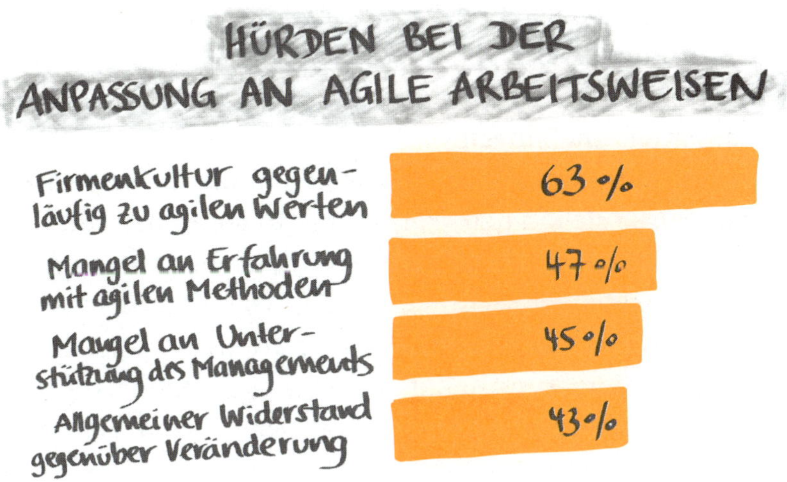

Sie stellen fest, dass sich Fach- und Führungskräfte mit längerer Betriebszugehörigkeit schwerer mit der Veränderung tun. Selbst die Altgedienten klagen, die von der neuen organisatorischen Ausrichtung eigentlich profitieren. So stellt das Unternehmen deutlich mehr Sach- und zusätzliche Personalmittel für Entwicklungsarbeit zur Verfügung. Anstatt sich über die neuen Möglichkeiten zu freuen, überwiegt die erhitzte Auseinandersetzung darüber, wofür die zusätzlichen Mittel aufgewendet werden sollen.

Eine Schlüsselbedeutung gegen Widerstände erhalten sogenannte Botschafter der Transformation. Das sind bekannte und allseits akzeptierte Mitarbeiter, die sich offen zur Veränderung bekennen und Vorreiter der neuen Arbeitsformen in ihren Wirkungskreisen sind. Dies tun sie, indem sie beispielsweise agile Elemente in bestehende Meetingstrukturen einbringen und andere davon überzeugen, dass dieses Verfahren Meetings deutlich effizienter macht. Auch die neue Arbeitsweise der Pilotteams erzeugt Neugier. Aufmerksam werden Mitarbeiter auf die neuen Arbeitsweisen dadurch, dass Kollegen aus funktionalen Einheiten temporär in die Teams einbezogen werden, wenn sie einen Beitrag leisten können. Die Kollegen berichten dann meist aufgeweckt zurück in die angestammten Abteilungen.

Als wirkungsvolle Mittel zur Überwindung von Widerständen erweisen sich in den Workshops Moderationstechniken, die Sie von externen Begleitern gelernt haben. Es ist wichtig, das Gruppendenken zu durchbrechen, Vielredner und selbst ernannte Sprachrohre zu zügeln und Schweigsame durch Fragen zur Positionierung in Aktion zu bringen. Mehr als einmal erleben Sie dabei positive Überraschungen. Jemand, der wenig sagt, argumentiert, einmal angesprochen, durchdacht, konstruktiv und vorwärtsgewandt. Schweigsame zur Sprache bringen ist wichtig, um zu verhindern, dass diese sich im Nachgang zu Workshops auf den Unternehmensfluren negativ äußern und die Ergebnisse konterkarieren. Ziel muss sein, dass alle Positionen im Workshop offen auf den Tisch kommen und behandelt werden.

Sie wenden einfache Methoden an, um unterschiedliche Positionen durch Perspektivwechsel und physisch greifbar zu machen – und darüber zu einer Einigung zu kommen. Als es zum Beispiel um die Frage geht, ob Heimathäfen nach agilen Methoden arbeiten sollen, teilen Sie die Workshopgruppe willkürlich in Optimisten und Pessimisten ein. Auf zwei Flipcharts sollen die beiden Gruppen jeweils ihre Argumente dafür oder dagegen aufschreiben und im Anschluss gegeneinander argumentieren. In einem Workshop, bei dem ein Teilnehmer dadurch auffällt, dass er fortwährend Gegenpositionen vertritt, fordern Sie die Teilnehmer zum Rollentausch auf und teilen die Rolle des Nörglers bewusst einem anderen Teilnehmer zu. Dadurch, dass Teilnehmer gezwungen sind, eine andere Position als ihre eigene zu vertreten und einen Perspektivwechsel vorzunehmen, wird die Verständigung erheblich vorangetrieben.

Um den besten Weg dafür zu finden, wie die Sklerotec AG in Zukunft innovative Produktideen schneller voranbringt, geben Sie jedem Teilnehmer 50 Euro in die Hand. Die Teilnehmer des Workshops sollen die Geldscheine jeweils in einen von drei Töpfen legen, die für die drei Möglichkeiten stehen: in Start-ups investieren, über Partnerschaften Innovationen generieren oder selber machen. Die Tatsache, dass jeder Teilnehmer selbst Geld »investieren« muss, führt zu einer unvoreingenommeneren Auseinandersetzung über den besseren Weg.

Im letzten Workshop zur Strategieentwicklung tritt die Frage auf, welches Umsatz- und welches Renditeziel sich die Sklerotec AG für die nächsten fünf Jahre geben soll. Alle wissen, dass Zahlen keine Ziele darstellen, sondern nur Ergebnisse guten Handelns sind. In einer anonymen Umfrage bitten Sie jeden Teilnehmer um zwei Zahlen auf zwei Zetteln. Das Ergebnis: eine hohe Spannbreite bei beiden Zahlen. Während einer Kaffeepause kleben Sie zwei Klebebänder, eines für die erwartete Rendite und eines für den erwarteten Umsatz, auf den Boden und tragen die erfragten Zahlen darauf jeweils ein. Nach der Kaffeepause laden Sie die Teilnehmer ein, sich an die Bodenmarkierung für das Renditeziel zu stellen, das sie zuvor abgegeben haben. In den folgenden 15 Minuten sollen sich die Teilnehmer gegenseitig überzeugen, auf die jeweils eigene Position zu kommen. Es geht lautstark zu im Tagungsraum. Nach 15 Minuten ist die Gruppe auf einem engen Korridor zusammengerückt, der eine aussagekräftige Angabe für das Zielbild erlaubt. Genauso sieht es beim Umsatzziel aus.

Es ist belegt, dass Widerstände nicht nur eine kognitive Seite haben, sondern auch emotional und physisch erfahrbar gemacht werden sollten. Das trägt zur Auflockerung verhärteter Positionen bei.

Konsequente Personalentscheidungen treffen

Bei allem Bemühen, Mitarbeiter und Führungskräfte für die Transformation zu gewinnen, wird es nicht bei allen gelingen. Im Transformationskreis haben Sie eine Faustregel auf den Weg bekommen. Nur etwa ein Viertel stimmt dem neuen Weg zu. Die Hälfte aller Mitarbeiter und Führungskräfte ist indifferent und wartet erst einmal ab, wie sich die Dinge entwickeln. In etablierten Unternehmen haben sie zu viele Reorganisationen erlebt, die irgendwann wieder versandet sind. Auch ist ihnen nicht klar, was die Veränderung für ihre eigene Position bedeutet. Ein Viertel der Mitarbeiter und Führungskräfte ist strikt gegen den neuen Kurs. Einen der größten Fehler im Transformationsprozess haben Ihre Gesprächspartner im Rückblick gemacht, weil sie die größte Energie darauf verwendeten, dieses letzte Viertel noch auf den neuen Weg zu bekommen – meist vergeblich. Stattdessen hätten Sie im Rückblick besser alle Energie auf die Ertüchtigung des ersten Viertels richten sollen: diese Mitarbeiter zu Botschaftern des neuen Weges zu ertüchtigen, auf dass sie mithelfen, die mittlere Hälfte zu gewinnen.

Zu spät und zu wenig konsequent Personalentscheidungen getroffen zu haben ist die wichtigste Lernerfahrung, die Ihnen der Transformationskreis spiegelt. Im Rückblick haben die Verantwortlichen zu lange mit den Entscheidungen gegen Blockierer gewartet. Diese haben unterdessen bewusst so viel Unsicherheit gesät, dass die gesamte Transformation bedroht ist.

Aus diesen Fehlern anderer wollen Sie lernen. Gemeinsam mit den externen Begleitern überzeugen Sie den Vorstand, Personalentscheidungen konsequent und nachvollziehbar zu treffen. Das heißt, Kollegen aus dem genannten letzten Viertel mit solchen Aufgaben zu betrauen, durch die sie wichtige Kompetenzen und Stärken beitragen können. Und sich zu trennen von jenen, bei denen sich bereits nach den ersten Workshops herausstellt, dass sie den neuen Weg nicht mitgehen. Trennungen erscheinen zunächst teuer; zumal es oft um Mitarbeiter geht, die eine lange Firmenzugehörigkeit aufweisen. Noch teurer ist die destruktive Wirkung, die Blockierer entfalten. Die Transaktionskosten in Form von vergeblichen Versuchen, die Blockierer auf die andere Seite zu bringen, sind gewaltig. Die Negativbilanz wird noch größer, wenn wir uns vor Augen führen, dass Zeit fehlt, um sich um Leistungsträger und deren Stärkung zu bemühen. Der Wert der Signalwirkung einer konsequenten, letztlich nachvollziehbaren Personalentscheidung für das Gelingen einer Transformation kann nicht hoch genug eingeschätzt werden. Alle im Unternehmen wissen oder spüren, wes Geistes Kind der Entlassene ist – und dass die Unternehmensleitung es ernst mit der Transformation meint.

Sie machen in diesem Kontext eine erstaunliche Erfahrung. Wohldosiert binden Sie auch Blockierer ein – wohldosiert, damit sie den betreffenden Workshop mit ihrer Antihaltung nicht sprengen. Nach jedem Workshop geben Sie und ein Kollege von People & Culture in enger Abstimmung mit dem Vorstand Blockierern ein Feedback und verdeutlichen, dass es keine Alternative zur neuen Arbeitsweise gibt. Sie regen an, darüber nachzudenken, ob dieser Weg auch ein Weg für die Betreffenden ist, und bieten, wo sinnvoll, Unterstützung in Form eines Coachings an.

Nach einigen sachlichen Gesprächen dieser Art erleben Sie in mehr Fällen als erwartet die Reaktion: »Ich bin in mich gegangen. Ich verstehe jetzt, warum die Sklerotec AG diesen Weg gehen muss. Aber das ist nicht meiner. Entweder das Unternehmen kann mir eine Aufgabe anbieten, die zu meinen Stärken passt, oder wir einigen uns auf die Modalitäten einer fairen Trennung.« Die offene Aussprache setzt bei den Blockierern oder Indifferenten einen Prozess des Nachdenkens in Gang, der in einer gütlichen Einigung münden kann. Gleiches gilt für diejenigen, die Sie darauf ansprechen, dass Sie ihre Kompetenz nicht missen wollen, nicht aber in der Aufgabe, die sie bislang ausgefüllt haben. Häufiger, als Sie vorher dachten, schlägt Ihnen Dankbarkeit entgegen: »Stimmt. Ich denke schon länger, dass ich nicht mehr glücklich mit dem bin, was ich tue. Danke für den Anstoß! Wo siehst du mich denn im Unternehmen?«

Die schwierigste Personalentscheidung ist eine, die den Vorstand selbst betrifft. Die neue Ausrichtung der Sklerotec AG mit dem starken Blick auf den Konsumenten – »We make people feel extremely comfortable in their second skin!« – führt dazu, dass die Produktion an Stellenwert verliert. Jahrzehntelang drehten sich Neuentwicklungen immer um die Frage, ob und zu welchen Kosten die Sklerotec AG diese selbst produzieren kann. Die Ingenieurskunst der Sklerotec AG war identitätsstiftend: Alles, was nicht selbst hergestellt werden konnte, entsprach nicht dem Qualitätsanspruch des Unternehmens. In der neuen Sklerotec AG sind hingegen der Blick auf den Konsumenten und die Fähigkeit und Bereitschaft, mit Partnern Innovationen zu entwickeln, identitätsstiftend. Die Produktion ist Mittel zum Zweck. Und was nur mit hohem Aufwand selbst hergestellt werden kann, kaufen wir von anderen zu. Seit der Gründung der Sklerotec AG vor gut 75 Jahren gibt es ein für die Produktion zuständiges Vorstandsmitglied. Unter den neuen Bedingungen hat das Ressort »Operations« ausgedient. Mit Würde trennt sich der Aufsichtsrat im Namen des Unternehmens vom Produktionsvorstand. Die Trennung ist sorgfältig vorbereitet sowie intern und extern kommuniziert. Mitarbeiter und Führungskräfte verstehen wieder ein Stück besser, warum und wohin die neue Organisation steuert. Diese Entscheidung erhöht erneut die Glaubwürdigkeit und das Vertrauen in den neuen Weg, so umstritten sie bei Betroffenen im Ressort Operations auch ist. Das Ressort berichtet vorübergehend an den Vertriebsgeschäftsführer, bis es in der neuen Organisation als Heimathafen für Operations-Fachleute dient, die ihre Zeit im Wesentlichen in cross-kompetenten Teams verbringen.

In der neuen Organisation macht ein eigenes Vorstandsressort »Vertrieb« keinen Sinn mehr. Alle Mitarbeiter und Führungskräfte sind fortan vertrieblich engagiert; vor allem bei bestehenden Kundenprojekten, bei denen niemand bessere Vertriebsarbeit leisten kann als diejenigen, die mit den Kunden eng zusammenarbeiten, egal welche Kompetenz sie mitbringen. Vertriebsfachleute haben ihren Heimathafen. Hauptsächlich sind sie aber in den Projekt- und Kundenteams aktiv. Der Vertriebsgeschäftsführer ist innerhalb des Vorstands ein Vorreiter der neuen organisatorischen Aufstellung. Er ist es auch, der gemeinsam mit Ihnen den Startschuss für die Transformation gegeben hat. Es ist vorstellbar, dass er Teil der Geschäftsführung bleibt, die ihr neues Verständnis darin sieht, den Rahmen für eigenverantwortliches Arbeiten in den Teams zu setzen und die Zusammenarbeit der Teams untereinander sicherzustellen. Mit Ressortverantwortung im engeren Sinne aber hat diese für das Unternehmen der Zukunft wichtige Aufgabe nichts mehr zu tun.

Institutionellen Rahmen schaffen

Das People & Culture-Pilotteam hat eine große Aufgabe vor sich. Um die neue Arbeitsweise dauerhaft zu verankern, müssen alle »HR-Instrumente«, wie sie früher hießen, auf den Prüfstand gestellt werden. In Teams zu arbeiten, individuelle Ziele zu vereinbaren und daran einen individuellen Bonus zu knüpfen, das passt nicht zusammen. Jahresgespräche mit verknüpften Leistungseinschätzungen sind nicht kompatibel mit der Tatsache, dass Projekt-, Entwicklungs- und Kundenteams so lange zusammenarbeiten, bis die Projektziele erreicht sind. Auch das bestehende Gehaltssystem passt nicht mehr zu der Dynamik, mit der sich Einzelne über die Zunahme von Verantwortung innerhalb des Unternehmens entwickeln können. Ganz zu schweigen davon, wer in Zukunft das Gehalt festlegt.

Folgerichtig passt das People & Culture-Pilotteam wichtige Hebel der Personalarbeit schrittweise an die neuen Rahmenbedingungen an. Sie freuen sich, dass sich das Team in seiner Arbeit nicht von Patentrezepten oder einer unreflektierten Übernahme von agilen Handlungsweisen beeindrucken

lässt, sondern einen eigenen Weg für die neue Sklerotec AG findet.

So werden Teammitglieder zwar an der Festlegung der Gehaltshöhe der Kollegen über eine Einschätzung beteiligt. Dennoch legt das Team die Fixgehälter in Abstimmung mit dem Vorstand über ein Breitbandmodell fest. In dem neuen Modell bewegt sich der Mitarbeiter in Abhängigkeit von der erbrachten Leistung für sein Team und das Unternehmen innerhalb von fünf leicht überlappenden Gehaltsbändern. Die Zuordnung eines Mitarbeiters zu und innerhalb eines Gehaltsbands erfolgt in zwei Schritten. Im ersten Schritt verständigen sich

Teamleiter, People & Culture und Mitarbeiter auf drei formale Kriterien des jeweiligen Verantwortungsbereichs:

- *Tiefe des Fachwissens*: erforderliche Aus- und Weiterbildung, praktische Vorerfahrungen, besondere Wissensgebiete, die zur Erledigung der Aufgabe notwendig sind;
- *Abhängigkeiten der Aufgabenstellung*: Art und Schwierigkeitsgrad der Aufgabe, Veränderungshäufigkeit, -tiefe und -umfang, Anzahl von Beteiligten, die bei einer Aufgabe zu berücksichtigen sind;
- *Grad der Eigenverantwortung*: Grad der Führungsverantwortung, Grad der Unsicherheit, mit der die Aufgabe zu tun hat, Notwendigkeit der Anpassung von bestehendem Vorgehen und Verfahren.

Auf der Grundlage dieser Informationen werden die Mitarbeiter einem jeweiligen Gehaltsband zugeordnet. Im zweiten Schritt erfolgt die Einordnung der Mitarbeiter innerhalb des jeweiligen Gehaltsbands. Das Gespräch folgt einem schlanken Fragenkatalog, der den Blick von Teamleitern, People & Culture und Mitarbeitern auf die Leistung des Einzelnen im Team lenkt:

- Welches waren die aus Ihrer Sicht wichtigsten Ergebnisse in den vergangenen zwölf Monaten, die eines der Teams erbracht hat, in dem Sie Mitglied sind?
- Welchen Anteil hatten Sie persönlich an diesen Ergebnissen? Was haben Sie konkret dazu beigetragen?
- Welche Fehler oder Versäumnisse sind Ihnen begegnet oder haben Sie begangen, und was haben Sie danach anders gemacht?

Die Teamleiter vergleichen Selbst- und Fremdeinschätzung der einzelnen Mitglieder, greifen auf die nach jedem Projektabschluss erfolgende Leistungseinschätzung zurück und begründen die Einordnung innerhalb des Gehaltsbands gegenüber den Mitarbeitern. Um in ein nächsthöheres Gehaltsband zu gelangen, muss sich der Grad der Verantwortung gemäß dem ersten Schritt deutlich erhöht haben. Teamleiter, die ihrerseits in einem Heimathafen zu Hause sind, führen das Gehaltsgespräch mit dessen Teamleiter oder mit dem Vorstand.

Die Einführung des neuen Gehaltsmodells findet zu einem fest definierten Zeitpunkt statt. Bis dahin sind die geschilderten Gespräche unternehmensweit erfolgt und Rückfragen von Mitarbeitern beantwortet. Der Vorstand legt fest, dass sich zum Zeitpunkt der Einführung des neuen Gehaltsmodells keiner schlechter stellen darf, als es vorher der Fall war. Was den variablen Gehaltsbestandteil angeht, so beteiligt die Sklerotec AG in Zukunft alle Mitarbeiter am Unternehmenserfolg, in einer rechnerischen Mischung aus Rendite- und Umsatzsteigerung. Gibt es keine Steigerung, fällt die Gratifikation weg.

Die Gespräche zur Gehaltseinordnung der Mitarbeiter finden einmal jährlich statt; die Leistungseinschätzungen mit einem leicht angepassten Fragenkatalog unterjährig nach jedem Projekt. Heimathäfen, die nicht projektbasiert arbeiten, führen einen halbjährlichen Rhythmus der Leistungseinschätzung ein. Die Teams vereinbaren ihre Ziele eigenständig, tragen diese in eine entsprechende Software ein und machen sie damit allen transparent. Die Produktionsbereiche schaffen die Stechuhren ab und ersetzen diese durch Zielvereinbarungen. Die Logik dahinter lautet: Nicht die Dauer der Arbeitszeit sagt etwas über die Qualität der Arbeit oder die Höhe des Beitrags des Teams zum Unternehmenserfolg aus, sondern die Ergebnisse.

Die alten HR-Instrumente Personalentwicklung und Talentmanagement schafft das People & Culture-Pilotteam ab und ersetzt sie durch die Fragen, über die in Zukunft Führungskraft und Mitarbeiter reflektieren:

- Welche Aufgabe würden Sie gerne übernehmen? Warum? Was gibt Ihnen Anlass zur Vermutung, dass Sie diese Aufgabe bewältigen können? Was brauchen Sie zusätzlich, um sie erledigen zu können?

Die Mitarbeiter sind animiert, ihre Entwicklung in die eigene Hand zu nehmen. Dieses Fragengerüst ist Bestandteil der Leistungseinschätzung. Jeder Mitarbeiter, der eine Weiterbildung in welcher Form auch immer gemacht hat, berichtet darüber in einer entsprechend bezeichneten Rubrik auf Jump!. Wie sich rasch herausstellt, inspirieren diese Erfahrungsberichte die Teamkollegen sehr. Employer Branding ersetzt das Team durch die Ermunterung der Mitarbeiter, sich rege an den einschlägigen Social-Media-Plattformen zu beteiligen. Sie wissen, dass die beste Werbung für ein Unternehmen die Zeugnisse der Mitarbeiter selbst sind.

Die neue Arbeitsweise weitertragen

Bei der zweiten Mitarbeiterversammlung hat ein Mitarbeiter die Frage gestellt, wie die Unternehmensgruppe in den Transformationsprozess eingebunden ist. Das Strategieteam erweitern Sie daraufhin um ein »Group Chapter«. Hier versammeln sich Vertreter von Vertriebs- und Produktionsgesellschaften aus aller Welt. Sie erweitern das teamzentrierte Modell um die

Gruppendimension. Im Ergebnis arbeiten cross-kompetente Kunden-, Projekt- und Entwicklungsteams gruppenübergreifend, wo es sinnvoll ist. Dies ist zum Beispiel dort der Fall, wo ein global aufgestellter Kunde betreut wird. Für lokale Kunden- oder Entwicklungsthemen stellen sich lokale cross-kompetente Teams auf. Die Gewinn- und Verlustverantwortung in den Regionen wird folgerichtig aufgehoben. Regionalleiter geben ihre disziplinarische Verantwortung zugunsten von lokalen oder regional an Sachthemen arbeitenden Teams und deren Leitern auf. Produktionsstätten werden wie Heimathäfen geführt. In Jump! eröffnet das Group Chapter Kanäle für die internationalen Heimathäfen. In einem gruppenübergreifenden Kanal findet der Dialog über Informationen statt, die gruppenweit von Interesse sind, zum Beispiel zu Neuentwicklungen.

Eine besondere Aufgabe besteht darin, die gruppenweite Arbeitsteilung zwischen Zentrale und Fläche in Verbindung mit den projektzentrierten Teams zu durchdenken und aufzusetzen. Das Group Chapter legt nach intensiver Diskussion eine »leading dimension« für die Entscheidung über die Arbeitsteilung zwischen Zentrale und Region fest: Die Zentrale kontrolliert in der Zukunft nicht mehr, sondern gibt Eigenverantwortung verstärkt in die Fläche oder in gruppenweit arbeitende Teams. Demzufolge kommt der Zentrale eine strategisch steuernde Aufgabe für die Gruppe zu. Die operative und Kundenverantwortung liegt in den regionenübergreifend arbeitenden Teams und Heimathäfen.

Die Zentrale setzt den Rahmen über die Gruppenstrategie, die ein strategisches Controlling anhand von aus der Strategie abgeleiteten Kennzahlen sowie durch Teamleiter initiiert, die sie einsetzt. Sie greift nur dann in Konflikte zwischen Teams und Heimathäfen ein, wenn diese sie nicht selber lösen können. Gründe können Zielkonflikte, Ressourcenkonflikte oder persönliche Konflikte sein. Dass dieses neue Zusammenspiel zwischen der Zentrale und den operativen Gesellschaften in der Gruppe der Sklerotec AG wahrscheinlich eine drastische Reduktion des Personals in der Zentrale nach sich zieht, dämmert allen Beteiligten bald.

Anlässlich eines Treffens der Leiter der weltweiten Führungskräfte der Gruppe stellen Vorstand und Group Chapter die Strategie vor, erläutern die organisatorischen Veränderungen und den »Highly aligned and loosely coupled«-Ansatz: Alle Gesellschaften der Gruppe haben ein gemeinsames Selbstverständnis über den Weg, den das Unternehmen in Zukunft nehmen wird: eine dynamische Strategie, strategische Ziele und Umsetzungsfahrplan. Fortan nutzen die globalen Teams die Strategie als Orientierungspunkt und Leitplanken für ihre Entscheidung – »highly aligned« und »loosely coupled« bedeutet, dass es so wenig operative Abstimmungstreffen zwischen Landesgesellschaften gibt wie möglich und so viele wie nötig. Jump! und eine disziplinierte Anwendung der Regeln der Zusammenarbeit minimieren die Anzahl operativer Abstimmungsnotwendigkeiten. Hingegen widmen die Teams Zeit den halbjährlich stattfindenden strategischen Treffen. Hier schaffen sie ein gemeinsames Verständnis der Gruppenstrategie, besprechen den Umgang mit einem globalen Wettbewerber oder überprüfen die Regeln der Zusammenarbeit zwischen den Teams. Außerdem lernen sich hier die Teamleiter aus aller Welt kennen und entwickeln den Zusammenhalt, der ihnen hilft, Reibungen in operativen Fragen schnell aufzulösen. Auf diese Weise reduziert das Unternehmen radikal den komplexitätstreibenden Abstimmungsbedarf, der mit der globalen Matrixstruktur einherging und alle zum Wahnsinn getrieben hatte.

Dass es bis zur Umsetzung ein weiter Weg ist, der viel Training und einiger Personalentscheidungen bedarf, liegt auf der Hand. Global aufgestellte Teams anzuleiten stellt ebenfalls eine große Herausforderung dar. Sie sind froh, dass der Vorstand einwilligt, für die Aus- und Weiterbildung von internationalen Teamcoaches aus den Reihen der Mitarbeiter und Führungskräfte ausreichend Mittel bereitzustellen.

Sich Zeit geben

»Wie lange dauert der Transformationsprozess?« Dies ist eine berechtigte Frage, die Ihnen als Verantwortlichem bei einem Townhall-Meeting entgegentönt. Ihre ehrliche Antwort lautet: »Er hört nie auf.« Sie wissen, dass es selbst bei kleinen etablierten Unternehmen gut zwei Jahre braucht, bis die Teamarbeit die qualitätssteigernden Kräfte freisetzt, derentwegen die Transformation initiiert wurde. Das Arbeiten in Teams und die Annahme von Eigenverantwortung allein braucht Übung und Zeit. Hinzu kommt die mit der Transformation einhergehende Umsetzung der organisatorischen Umgestaltung.

Hier stellt sich im Laufe des Prozesses heraus, dass es Übergangszeiten braucht oder unterschiedliche Geschwindigkeiten gibt. So ist es zum Beispiel ratsam, die operative Organisation der Produktionsstätten vorerst nicht anzurühren, wenn sie im Rahmen des Möglichen gut laufen. Auch können alle Veränderungen nicht gleichzeitig angegangen werden. Es braucht eine Priorisierung als Teil des Umsetzungsplans der Strategie: Was müssen wir als Erstes ändern, was kann noch eine Zeit weiterlaufen? Hier ist viel Pragmatismus gefragt, und es zählt die berühmte 80/20-Regel: Wir müssen und werden nicht alles perfekt umsetzen. Sogar bei der neuen Zielvereinbarungspraxis im Team gilt für die extrem ambitionierte Transformationsphase: Wenn wir 80 Prozent von dem erreicht haben, was wir uns vorgenommen haben, ist das viel. In der Ausgestaltung der Organisation werden wir ausprobieren, gegebenenfalls wieder zurücknehmen und wieder neu anfangen. Sie entwickeln ein Gespür dafür, was der Organisation zumutbar ist.

Der Transformationsprozess braucht einen klaren Zeitrahmen, der allen Beteiligten Orientierung gibt. Im Einvernehmen mit dem Vorstand legen Sie für die neue Organisationsform in Projektteams und Heimathäfen, strategisch arbeitende Zentrale und operativ arbeitende Fläche einen Zeitraum von zwölf Monaten bis zum Start fest. So lange dauern erfahrungsgemäß die Vorbereitungen vor einem solchen großen Schritt: die detaillierte Konzeption des Dynamogramms, die Konzeption und Umsetzung der neuen Aufgabenteilung zwischen Zentrale, Fläche und gruppenübergreifenden Teams, die Ableitung von Aufgaben und Kompetenzen und daraus folgende Personalentscheidungen, die Detaillierung der institutionellen Rahmenbedingungen im Bereich People & Culture einschließlich des neuen Gehaltsmodells, Trainings für die Teamleiter und -coaches und vieles andere mehr.

»Auch wenn ich heute denke, dass es richtig war, dass wir am Anfang des Prozesses (Strategie) groß gedacht haben – lasst euch mal im Moment nicht davon leiten, warum etwas nicht gehen könnte –, hätten wir im Nachhinein vielleicht trotzdem besseres Erwartungsmanagement machen können.«

Verantwortlicher Leiter der Transformation in einer großen Nichtregierungsorganisation

Dieses Zitat eines Mitglieds des Transformationskreises legen Sie dem Vorstand gleich zu Anfang des Prozesses ans Herz. Daraus erwächst die Erkenntnis: Die Transformation stellt zunächst eine große Investition mit nicht gesichertem Ausgang dar. Der Vorstand hat diese wichtige Aussage intensiv und in mehreren Sitzungen mit Gesellschaftern und Aufsichtsrat diskutiert – und grünes Licht erhalten. Warum? Weil die Strategie Klarheit und Kraft besitzt. Diese Entscheidung bedeutet auch, Geduld mit dem finanziellen Profit zu haben, den sich alle von der Umgestaltung versprechen. Sollten andere Erwartungen bestehen, ist es besser, die Transformation gar nicht erst zu beginnen. Gesellschafter und Aufsichtsrat haben akzeptiert, dass das Unternehmen drei Jahre lang eine schwarze Null bei gleichbleibendem Umsatz schreibt. Was für ein Vertrauensbeweis!

Schnelle Erfolge sichtbar machen

Anderthalb Jahre nach dem ersten Gedankenaustausch zur Lage des Unternehmens ziehen Sie im Strategieteam der Sklerotec AG ein Zwischenfazit. Sie bereiten sich auf die Mitarbeiterversammlung in der nächsten Woche vor, bei der Vorstand und Mitarbeiter regulär über den Status der Transformation diskutieren. Viel hat sich verändert in dieser Zeit. Während der Umsetzung zur neuen Organisation haben 30 Prozent der Führungskräfte in der Zentrale das Unternehmen verlassen, die meisten von sich aus und in gutem Einvernehmen. Sie haben rund 50 neue Mitarbeiter für Schlüsselpositionen gewonnen, die vom Aufbruch bei der Sklerotec AG gehört und gelesen haben, neugierig wurden und sich angezogen fühlten. Die neu Hinzugekommenen sind keine Branchenexperten, sondern Software-Architekten, Programmierer und Führungskräfte, die Vorerfahrungen in sehr unterschiedlichen Branchen haben. Die Aussicht auf ein stabiles Unternehmen, das in einer Transformation mit einer überzeugenden Hypothese für die Zukunft steht und internationale Entwicklungsmöglichkeiten bietet, hat sie von der Sklerotec AG überzeugt.

Sie fühlen sich unwillkürlich an eine Ihrer ersten Begegnungen mit dem Transformationskreis erinnert, bei dem ein Teilnehmer, ein Ex-Mitarbeiter von Netflix, den Zusammenhang zwischen zunehmendem Wachstum und steigender Komplexität einer Organisation erläutert hat. Und wie sich Netflix angepasst hat, nämlich mit der Gewinnung von exzellenten Mitarbeitern.

Die neuen und weitere 100 leitende Mitarbeiter haben Sie als Teamleiter aus- und weitergebildet. Das Pilotteam für das Kundenprojekt GPS hat in nur drei Monaten dank agiler Vorgehensweisen gemeinsam mit dem Kunden eine tragfähige Lösung entwickelt, die nun in die Produktion geht. Die Lieferpünktlichkeit hat in manchen Bereichen der Produktion um 20 Prozent zugenommen. Verantwortlich dafür ist eine bessere Zusammenarbeit und Abstimmung zwischen Produktion und Vertrieb. Diese wurde erreicht, weil einzelne in Scrum ausgebildete Führungskräfte begonnen haben, agile Arbeitsweisen in den Arbeitsalltag zu integrieren. So hat eine Produktionsstätte jeden Morgen um 9.30 Uhr mit der ersten Pause tägliche »Stand-ups« auf dem Shopfloor eingeführt, bei denen sich das Team über die erledigten und noch zu erledigenden Themen des Tages abstimmt. Hinzu kommen Kollegen benachbarter Produktionsbereiche, falls sie ein Thema zur Abstimmung haben. Insgesamt fließt die Information besser. Die Stand-ups ergänzen die »Kanban Boards«, die schon länger im Einsatz sind und die aktuellen und zukünftigen To-Dos transparent machen.

Das People & Culture-Pilotteam hat überdies den Betriebsrat und die verantwortliche Gewerkschaft für das neue Gehaltsmodell gewonnen. Die Mitbestimmung zu gewinnen war gar nicht so schwer, wie Sie sich das vorgestellt haben. Während der vielen Gespräche mit dem Betriebsrat stellte sich heraus, dass das Miteinander zwischen Unternehmen, namentlich der einstigen HR-Abteilung, und Betriebsrat früher durch »Herumeiern« gekennzeichnet war. Aus Unsicherheit über seine Zukunft hat das Unternehmen die nötige Klarheit und eine eindeutige Position im Umgang mit der Mitbestimmung vermissen lassen. Im Gegenzug war die Verunsicherung im Betriebsrat groß. Der Umgang war zäh und von gegenseitigem Misstrauen geprägt.

Nachdem Sie eine Vorstellung von der Zukunft des Unternehmens in Form der Strategie gemeinsam erarbeitet und kommuniziert haben, schlägt dem People & Culture-Pilotteam und dem Vorstand Offenheit, ja fast schon Dankbarkeit entgegen. Endlich herrscht Klarheit. Der Betriebsrat sieht, dass sich das Unternehmen ehrlich mit seiner Zukunft auseinandersetzt. Zudem prägt eine dem einzelnen Mitarbeiter zugewandte Haltung die neue Arbeitswelt und das damit zusammenhängende Führungsverständnis. Dem kann der Betriebsrat nur aufgeschlossen gegenüberstehen. Mit dieser gegenseitigen Haltung von Respekt und Anerkennung für die Ernsthaftigkeit erweisen sich die Verhandlungen über die Verschlankung der Zentrale des Unternehmens als sachlich, konstruktiv und zielgerichtet.

Die ersten umgestalteten Räumlichkeiten in der Zentrale werden von den Mitarbeitern nach anfänglicher Skepsis positiv angenommen. Die neue Innenarchitektur trägt der neuen Arbeitsweise Rechnung. Sie haben sich manches bei der Admaning Gruppe abgeschaut. Stehtische statt Sitzungstische, Transparenz durch Glaswände, viel Fläche an den Wänden zum Schreiben und zum Denken sowie unterschiedliche Formate, in denen die Mitarbeiter zusammentreffen können: Einzelkabinen zum ungestörten Telefonieren, kleine Räume für das Vieraugengespräch, feste Teamräume, offene Kommunikationsflächen, die zum zufälligen Zusammentreffen einladen, und Einzelarbeitsplätze, die durch mannshohe Zwischenwände getrennt sind. Bei der Ausgestaltung der Arbeitsplätze haben Sie sich einer Studie über Großraumbüros bedient, der zufolge zu große Nähe und Offenheit in den Einzelarbeitssituationen Ablenkungen erhöht, dadurch die Produktivität senkt und entgegen der landläufigen Meinung die Interaktion zwischen Mitarbeitern eher hemmt als fördert.

Von vielen kleinen und großen Erfolgen werden Sie nächste Woche bei der Mitarbeiterversammlung berichten können. Sie spüren, dass von den Erfolgen zu berichten wichtig sein wird angesichts des erst allmählichen Heraustretens des Unternehmens aus dem Tal der Tränen, um die Veränderungskurve noch einmal zu bemühen. Einige Mitarbeiter, vor allem in den Produktionsbereichen, fühlen sich von den Entwicklungen noch abgehängt. Die beschriebenen Erfolge werden eines bei den Mitarbeitern wecken, so hoffen Sie: das Gefühl, auf dem richtigen Weg zu sein.

Eine neue Sprache lernen

Unabhängig von dem Berg an Arbeit, der noch vor Ihnen liegt, sind Sie stolz über das Erreichte. Das Unternehmen hat eine durchdachte Idee, wo es hingehen soll. Sie haben wesentliche Bausteine der Transformation errichtet und angefangen, diese umzusetzen. Sie haben das Gefühl, dass das Unternehmen im Umgang mit dem Unerwarteten gestärkt ist. Es hat gelernt, Unsicherheit als ständigen Wegbegleiter zu akzeptieren. Was Sie am meisten freut: Es beginnt eine andere Sprache Einzug zu halten. Sie rufen sich den letzten Teil des Zielbilds der Strategie vor Augen, der die Ambition zur Zusammenarbeit und den Umgang der Mitarbeiter untereinander beschreibt:

»... Du hörst zu, um zu verstehen. Du bist respektvoll anderen Meinungen gegenüber, setzt dich direkt mit diesen auseinander und bist nicht politisch. Du stellst dein Ego zurück, wenn es um die beste Idee geht, und teilst dein Wissen. Du sagst, was du denkst. Du sprichst mit dem Kollegen und nicht über ihn. Wir haben ein gemeinsames Ziel, das größer ist als dein Einzelinteresse: die Zukunft der Sklerotec AG und damit unsere gemeinsame wirtschaftliche Zukunft.«

Sie spüren, dass langsam eine neue Sprache um sich greift, die nichts mit dem Schlachtenlärm der Vergangenheit der Sklerotec AG zu tun hat. Sie hören das Wort »Danke«. Das »Wir« ist zum selbstverständlichen Subjekt geworden. »Ausprobieren«, »lernen«, »meinen Beitrag leisten«! Zumindest in den Pilotteams und jenen, die agile Arbeitsweisen anwenden, herrscht ein neuer Ton. In den Teamsitzungen hören die Kollegen einander zu und unterbrechen sich nicht. Kurze, anregende Fragen gehören zum Standard im Umgang miteinander. Es ist erstaunlich, wie schnell eine Transformation konkret zu greifen beginnen kann.

VORERST ZWEI BETRIEBSSYSTEME

In den vergangenen Monaten haben Sie den Transformationskreis regelmäßig besucht und Ihre Erfahrungen bei der Sklerotec AG geteilt. Dank des vereinbarten vertraulichen Formats und des offenen Austauschs erreicht der Kreis eine ungewöhnliche Intensität und Dichte. Sie erleben jede Begegnung als Bereicherung mit hoher Relevanz für Ihren Transformationsprozess. Bei einer Gelegenheit fragen Sie Ihren ehemaligen Professor, wie er auf die Idee gekommen ist, zu diesem speziellen Thema einen Erfahrungsaustausch anzuregen. »Ganz einfach«, entgegnet er. »Ich beobachte im Moment in Wirtschaft und Gesellschaft starke Umbrüche. Alle Organisationen aller Branchen und Akteure erleben folglich auch interne Umbrüche. Und interessanterweise gehen die Transformationen von Organisationen in dieselbe Richtung: hin zu stärker eigenverantwortlich agierenden Arbeitsweisen. Da schien mir ein Austausch unter unterschiedlichen Akteuren der Gesellschaft zu diesem wichtigen Thema auf der Hand zu liegen.«

Bei einer Tagung des Kreises kommt ein Thema zur Sprache, dessen Relevanz Sie angesichts der Entwicklungen bei der Sklerotec AG schon länger spüren, aber noch nicht in Worte hätten fassen können. Ein Teilnehmer berichtet von der Lektüre eines Aufsatzes des Harvard-Professors John Kotter. Dieser behauptet, dass auf absehbare Zeit in einem Unternehmen zwei »Betriebssysteme« bestehen werden, wie er es nennt: eines, das nach wie vor auf Effizienz und Prozesse setzt, und eines, das die alten Prozesse durch Eigenverantwortung, Freiraum und Selbstdisziplin ersetzt.

Es entwickelt sich eine lebhafte Diskussion über diese These. Im ersten Betriebssystem, so der Tenor der Diskussion, werde nach wie vor im alten Organigramm mit starken Hierarchien, nach Befehl, Gehorsam und Kontrolle agiert, ganz im taylorschen Sinne. Hierbei geht es um klassische Produktionsverfahren, die so lange Kostenvorteile erwirtschaften, solange Massengüter mit allenfalls modularisierter Standardisierung Nachfrage haben. Hier wird auf absehbare Zeit noch das Geld erwirtschaftet, welches das andere Betriebssystem finanziert, bis es stärker auf eigenen Beinen steht. Einige Teilnehmer sind überzeugt, dass mit der Zunahme von individualisierter Massenproduktion und 3-D-Druck das zweite System das erste ablösen wird. Das zweite Betriebssystem erzeuge Innovation und Kreativität, was angesichts der durch die Digitalisierung vorangetriebenen Umbrüche überlebensnotwendig ist. Die Parallelität von agilen Teams und traditionellen Strukturen sei Realität, auch in großen Unternehmen wie Amazon, Spotify, Google, Netflix, Bosch, Saab und anderen.

Ihnen wird bewusst: Das ist auch der Weg der Sklerotec AG. Sie machen sich seit längerem Gedanken darüber, wie die Produktionsbereiche mit diesen neuen Arbeitsweisen klarkommen sollen. Erleichtert realisieren Sie, dass es auch bei anderen Unternehmen unterschiedliche Geschwindigkeiten bei der Umsetzung der Transformation gibt. Jetzt auch noch die Produktionsbereiche umzustellen wäre schlicht nicht zu schaffen. Allerdings stellen Sie sich vor, dass es eine ganz besonders große Herausforderung darstellt, zwei Kulturen unter einem Dach zu steuern. Da kommen auf die Leitung des Unternehmens große Aufgaben zu. Sie werden das beim nächsten Treffen mit dem Vorstand thematisieren.

Die Diskussion im Transformationskreis geht unterdessen munter weiter. Ein Teilnehmer gibt das Ergebnis einer Umfrage zum Besten, der zufolge nur 14 Prozent der deutschen Unternehmen mit Start-ups gemeinsam neue Produkte entwickeln. Es entspinnt sich eine Diskussion um die Frage, wie sich Unternehmen digitale Geschäftsmodelle aneignen und welche Auswirkungen die unterschiedlichen Wege auf die Organisationsentwicklung haben. Ein Kleinmaschinenhersteller, so ein Beispiel, beteiligt sich mit einer Minderheit von 35 Prozent an einem Start-up, einem Experten für das Internet der Dinge, um den Einstieg in digitale Gartengeräte zu finden. Direkte Auswirkungen auf die Unternehmenskultur hatte diese Beteiligung nicht. Zahlreiche weitere Beispiele von Unternehmen, die sich bewusst entscheiden, den Weg in die digitalen Geschäftsmodelle über ein ausgelagertes digitales Hub zu finden, machen die Runde. Das Hauptargument für dieses Vorgehen: Würde man diese Ideeninkubatoren in die Hauptunternehmen integrieren, würden sie von den bestehenden Prozessen erdrückt. Sie hätten gar nicht den Freiraum, kreativ sein zu können. Nach herkömmlicher Projektmanagementmanier müssten sie regelmäßig zum Rapport in irgendwelchen Gremien in der Zentrale erscheinen. Das widerspräche der Arbeitsweise, die Kreativität erzeuge.

Sie berichten von den Workshops bei der Sklerotec AG zur Frage, auf welchem Wege das Unternehmen Innovationen generieren will. Sie führen aus, dass sich die Sklerotec AG ganz bewusst dafür entschieden hat, Innovation nicht auszulagern, sondern mitten in das Unternehmen zu setzen. So im Beispiel des Kundenentwicklungsteams zum Thema GPS in der Funktionskleidung, das innerhalb des Unternehmens angesiedelt ist und gleichzeitig völlige Autonomie genießt in seiner Art zu arbeiten. Die Parallelität zweier Kulturen auf dichtem Raum erzeuge Reibungen, sagen Sie, die aber gut für den Transformationsprozess seien. Nur über diese Reibung und entsprechende unmittelbare Lernerfahrungen könne sich das Unternehmen insgesamt weiterentwickeln, und das sei dringend notwendig. Sie ernten viel Zustimmung für Ihren Weg. Sie freuen sich, dass Sie endlich einmal etwas in den Kreis zurückgeben können, von dem Sie so viel profitiert haben.

FAZIT: REIF GENUG?

Die Diskussion gibt Ihnen Auftrieb bei der Beantwortung einer Frage eines Mitarbeiters bei der zweiten Mitarbeiterversammlung: »Ist die Sklerotec AG reif genug für eine Transformation solchen Ausmaßes?« Sie führen sich noch einmal die Erfolgsfaktoren vor Augen, die im Transformationskreis diskutiert wurden.

- Erfahrungsgemäß müssen 40 Prozent der Mitarbeiter ihre *Arbeitsweise radikal umstellen*, neue Jobs erlernen oder auch einfach ausgetauscht werden. In der Zentrale erreichen Sie diese Zahl vor dem Hintergrund der bereits erfolgten Ein- und Austritte von Mitarbeitern und der erfolgten Weiterbildungen. So gesehen erfüllen Sie diese Voraussetzung.
- Es braucht das *klare Commitment der Unternehmensleitung* zum neuen Kurs. Spätestens nach der Trennung vom Produktionsvorstand ist das Commitment des Vorstands sichtbar geworden.
- Es braucht einen *harten Kern von Mitstreitern*, die das Thema vorantreiben. Mit Strategieteam und Group Chapter ist auch das gegeben.
- Es braucht eine *kritische Masse* an im Umgang mit agilen Praktiken erfahrenen Mitarbeitern und Führungskräften.

Mit der entsprechenden Weiterbildung von über 100 Mitarbeitern zu Teamcoaches und Teamleitern sehen Sie auch das als gegeben, selbst wenn die Erfahrung natürlich noch hinzukommen muss.

- Es braucht eine *klare Ausrichtung und ein klares Warum* der Veränderung, das laufend und wiederholt kommuniziert werden muss. Das ist mit der Strategie und dem Warum – »We make people feel extremely Comfortable in their second skin« – gegeben.
- Die *Erwartungen* aller Beteiligten – Gesellschafter, Aufsichtsrat, Vorstand –, was Return of Investments und mögliche Risiken angeht, müssen geklärt sein. Das ist ebenfalls erfolgt.
- *Erste Erfolge* sollen alle ermutigen, dass das Unternehmen auf dem richtigen Weg ist. Die Ergebnisse des Zwischenfazits bei der nächsten Mitarbeiterversammlung sprechen für sich.

Wenn Sie auch die Frage nach der Reife noch nicht bei der zweiten Mitarbeiterversammlung beantworten konnten, so ist doch jetzt, anderthalb Jahre nach dem Startschuss, ein klares Ja angebracht: Bei allen Herausforderungen, wir sind reif genug. Es liegt in der Natur agiler Praktiken, dass der Weg zu großen Ambitionen mit kleinen Schritten erfolgt. Diese gehen Sie. Und es ist immer so, dass der Beweis für den Erfolg erst im Nachhinein sichtbar wird. Bis dahin befindet sich die Sklerotec AG entschlossen auf ihrem Weg.

LEITFADEN TRANSFORMATION

EINE GEDANKLICHE STÜTZE FÜR TRANSFORMATIONSGESTALTER

- Die Unternehmensleitung steht dauerhaft und sichtbar an der Spitze der Bewegung
- Starkes Transformationsteam bilden und gemeinsam lernen
- Gemeinsam mit vielen das Warum und den Kontext der Transformation erarbeiten: Warum gibt es uns? Wohin wollen wir (Strategie)?
- Priorisieren, durchdacht vereinfachen und sich auf die wichtigsten Hebel konzentrieren
- Erfahrungen anderer sowie Kunden einbeziehen
- Genügend kritische Masse an engagierten Mitstreitern haben oder entwickeln
- Verbindliche Dialogplattform zur Transformation etablieren
- Zentrale Botschaften gut durchdacht auf den Punkt bringen
- Offene Fragen aufnehmen und verlässlich Feedback geben
- Regelmäßige Mitarbeiterversammlungen festlegen
- Pilotteam für die neue Arbeitsweise zu relevanten Themen einrichten
- Regeln der Zusammenarbeit im Team vereinbaren

- Teamleiter in Moderationstechniken ausbilden und begleiten
- Neue Organisationsdarstellung entwickeln und kommunizieren
- Fehlentscheidungen analysieren und offen zurücknehmen
- Gezielt externe Unterstützung einbinden
- Alle einbinden, aber akzeptieren, dass es nicht gelingen wird, alle zu gewinnen
- Glaubwürdigkeit durch konsequente Personalentscheidungen erhöhen
- Neuen Arbeitsweisen und der Führung einen institutionellen Rahmen geben und sie dadurch festigen: alte Human-Resources-Instrumente abschaffen und durch neue Gerüste ersetzen
- Schnelle Erfolge sichtbar machen
- Geduldig und hartnäckig sein
- Unterschiedliche Geschwindigkeiten der Transformation akzeptieren
- Erwartungen an den Zeitpunkt des wirtschaftlichen Ertrags der Transformation steuern

EPILOG

DIE ORGANISATION DER ZUKUNFT

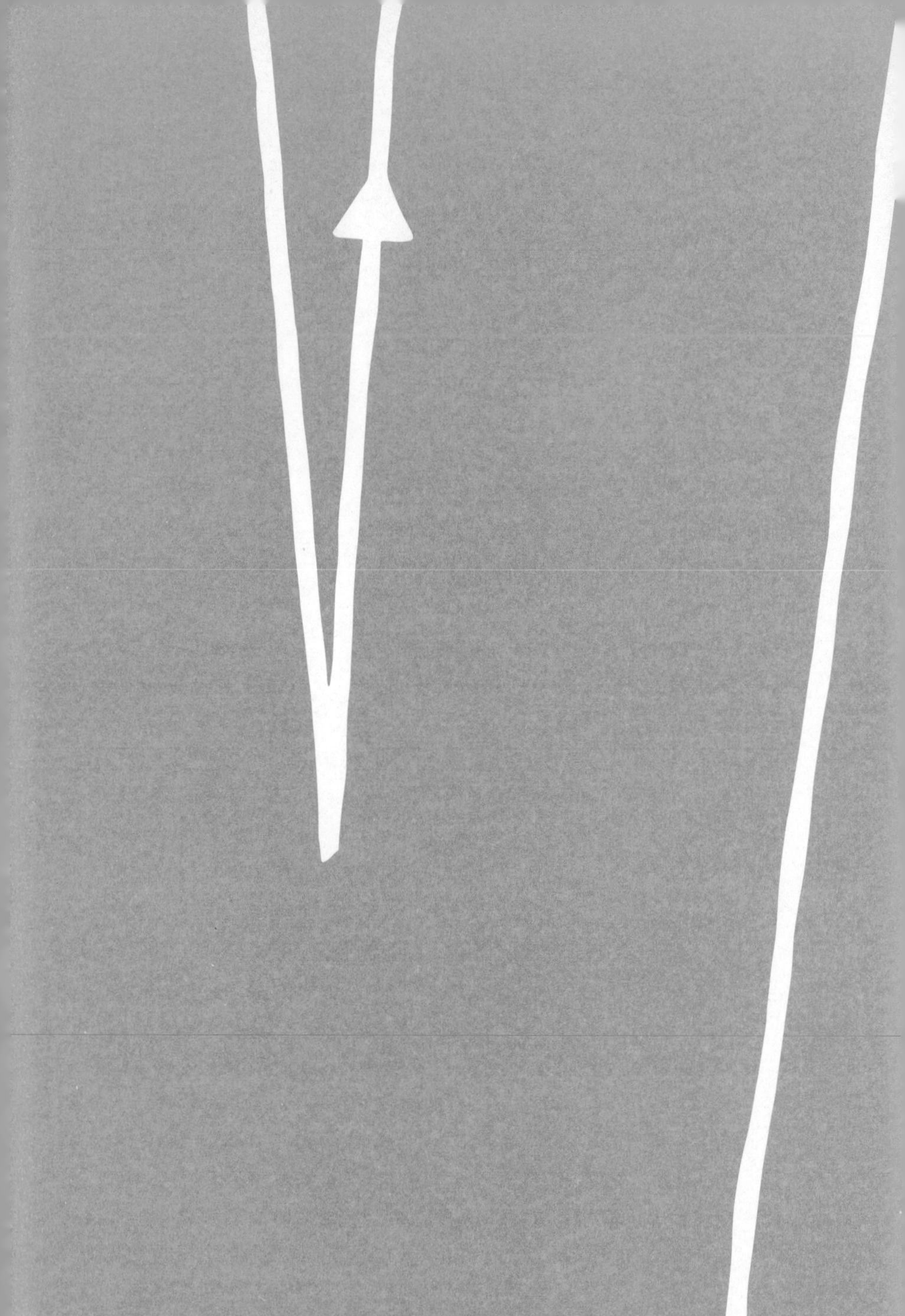

▶ Vor dem Hintergrund der inspirierenden Erfahrungsberichte, Unternehmensbeispiele und Theorien, die Sie im Transformationskreis diskutieren, stellt sich die Frage: Wenn das Organigramm ausgedient hat, was kommt an seiner Stelle? Was ist das die neuen Arbeitsweisen verbindende Gesamtkonzept? Die Mitglieder des Transformationskreises stellen fest, dass sie wenig darüber wissen, wie das Unternehmen der Zukunft als Ganzes organisiert sein wird. Sie beschließen, sich für die kommenden Treffen die Konzepte vorzunehmen, die Selbstorganisation zum Leitprinzip der Organisationsstruktur machen. Jeder der Teilnehmer übernimmt die Darstellung eines Konzepts und führt Interviews mit Akteuren der Modelle.

KONZEPTE

Holokratie

▪ DIE IDEE

Die wahren Ursprünge des Begriffs »Holokratie« liegen in Arthur Koestlers 1968 erschienenem Buch *Das Gespenst in der Maschine*. Das »Holon« ist Teil eines Ganzen, so wie es selbstständige Zellen in einem Körper sind. Die autonome Zelle ist Teil eines Ganzen, eines Organs, das wiederum Teil eines größeren Ganzen ist, des Körpers. Die Holarchie stellt die Verbindung zwischen Holons zu einem größeren Ganzen dar.

»Das Anliegen der Holokratie besteht darin, die Arbeit zu organisieren und nicht die Menschen.«

Brian Robertson, Erfinder des Konzepts der Holokratie

Holokratie beruht auf drei Voraussetzungen. Sie basiert auf einem Menschenbild, das von einem selbstmotivierten, nach Eigenverantwortung strebenden Menschen ausgeht. Sie ist überzeugt davon, dass der Versuch, ein perfektes organisatorisches System zu entwickeln, das Antwort auf alle Fragen gibt, zum Scheitern verurteilt ist. Stattdessen vertraut sie auf die evolutionäre Entwicklung einer Organisation, die sich laufend entlang der Anforderungen dynamisch entwickelt. Schließlich durchbricht sie die klassische Chef-Mitarbeiter-Beziehung einer Organisation. Es ist nicht Aufgabe der Manager, die Probleme aller zu lösen und die Verantwortung für alles zu übernehmen. Sie sollen vielmehr den Mitarbeitern vermitteln, dass sie selbst die Verantwortung und die Autorität haben, mit ihren eigenen Spannungen sinnvoll umzugehen.

Holokratie führt drei Ordnungsebenen in eine Organisation ein: Rollen, Kreise und Links. Klarheit schafft Holokratie dadurch, dass sie *Rollen* explizit definiert und ihnen explizite Verantwortlichkeiten zuordnet. Eine Aufgabe, wie die Leitung von Marketing oder Finanzen, ist nicht einer Person, sondern einer Rolle zugeordnet. Dahinter steht die Überlegung, dass eine Person immer mehrere Rollen ausfüllt. So ist eine Teamleiterin Finanzen gleichzeitig Mutter und Partnerin in ihrer Familie, Tochter, ehrenamtliche Helferin in einer karitativen Organisation. In einem Unternehmen gilt es also, zunächst Auf-

gaben und dann die Rollen zu definieren. Und die Person zu finden, die die Rolle ausfüllt, wobei eine Person mehrere Rollen ausfüllen kann. So kann die Teamleiterin Finanzen wegen ihrer ausgeprägten Südamerika-Erfahrung und -Neigung parallel zu ihrer Rolle im Finanzteam eine Rolle im Vertriebsteam Südamerika einnehmen. Die Definition von Rollen wird fortlaufend weiterentwickelt, um neue Lernerfahrungen zu integrieren und sie mit der sich fortlaufend verändernden Realität der Organisation in Übereinstimmung zu bringen.

In der Holokratie sind Rollen in ineinandergreifenden *Kreisen* gruppiert. Ein Kreis umfasst eine Gruppe von Rollen. Die Kreise repräsentieren Autonomie und Autorität und sind ihrerseits innerhalb größerer Kreise angesiedelt, die wiederum in einem großen sogenannten Ankerkreis zusammengefasst sind. Die Arbeit der Kreise kann unterschiedlich sein. Sie führen Projekte durch, bilden eine Abteilung oder eine Vertriebsregion oder üben eine spezifische Unterstützungsfunktion aus. Kreise haben Moderatoren und Sekretäre, die die Kreise steuern. Kreise treffen sich in sogenannten »Governance Meetings«, um Fragen der Zusammenarbeit zu klären, und in »Tactical Meetings«, um operative Fragen voranzutreiben.

Der Ablauf innerhalb der Kreise und die Verbindung zwischen den Kreisen werden durch drei verschiedene *Links* sichergestellt. Der Lead-Link hält den Kreis zusammen. Er weist Rollen innerhalb des Kreises zu und gibt Feedback. Er hilft dem Kreis, Prioritäten zu formulieren. Er definiert dessen Zusammensetzung, beeinträchtigt aber nicht die Entscheidungsautonomie der einzelnen Rollen. Der Repräsentationslink stellt die Verbindungen zwischen den Kreisen sicher, zum Beispiel zwischen auf einer größeren Ebene angesiedelten Kreisen. Spannungen, die beispielsweise aus Zielkonflikten entstehen, werden auf diesem Weg aus den Kreisen an eine nächsthöhere Ordnungsebene, die »Super-Kreise«, weitergegeben. Cross-Links schließlich verbinden parallel arbeitende Kreise und für alle Kreise relevante interne Dienstleistungen wie Controlling und sorgen für notwendige Abstimmungen und gemeinsame Aktionen.

Das Fundament von Holokratie bildet eine *Verfassung*, welche die Regeln der Zusammenarbeit festlegt, Autorität verteilt und eine neue Form von Organisationsstruktur beschreibt. In der Verfassung, die alle Mitarbeiter unterschreiben, werden deren Rollen definiert. Sie legt einen Prozess zur Entscheidungsfindung fest, durch den Rollen aktualisiert werden können. Sie erläutert einen Meetingprozess, der sicherstellt, dass die Kreise in Übereinstimmung bleiben und Arbeit gemeinsam erledigen.

■ **ERFAHRUNGEN**

Im Anschluss an die Erläuterung der Grundpfeiler des Konzepts der Holokratie berichtet die Referentin von Interviews, die sie mit Führungskräften solcher Organisationen geführt hat, die Holokratie eingeführt haben. Besonders beeindruckt ist sie vom Bericht einer gescheiterten Einführung in einem Start-up-Sozialunternehmen.

> Drei Jahre nach Einführung wird Holokratie als Organisationsform wieder aufgegeben. Der Gesprächspartner nennt im Rückblick verschiedene Gründe für das Scheitern der Holokratie.
> Da ist zum einen das mangelnde Vertrauen der Gründer des Start-ups in die Kompetenzen der jungen Mitarbeiter und Führungskräfte, Entscheidungen unter Berücksichtigung aller daraus erwachsenden Folgen zu treffen. So trauen sie ihnen nicht zu, eigenständig über die Annahme oder Ablehnung von Fördermitteln zu entscheiden, die Konsequenzen für das Profil der Einrichtung haben. Zum anderen können sich die Gründer nicht von ihren umfassenden Befugnissen als Gründer trennen. Folgerichtig unterschrieben sie die Holokratie-Verfassung des Unternehmens nicht, in der die Übergabe von Entscheidungskompetenz an die Führungskräfte geregelt ist.
> Holokratie verstärke Rivalitäten und Grabenkämpfe, die sich in dem schnell wachsenden Start-up herausbilden, so die Wahrnehmung des Gesprächspartners. Die Selbstorganisation werde ungewollt zu einer Einladung, anstehende Entscheidungen für eigene Zwecke zu instrumentalisieren.
> Im Rückblick gesehen, so der Gesprächspartner, brauche es für den Zeitraum der Einführung von Holokratie ein sta-

biles Umfeld, um ein so komplexes Gebilde aufzubauen und die Mitarbeiter auf die Herausforderungen der Selbstorganisation vorzubereiten. Ein sich wegen des rasanten Wachstums in einem permanenten operativen Ausnahmezustand befindliches Start-up habe zu wenig Raum für die sich in der Aufbauphase ergebenden notwendigen Auseinandersetzungen. Die Anschlussfähigkeit eines auf Selbstorganisation beruhenden Modells an Partner und Kunden erweise sich seiner Erfahrung zufolge als weiteres Problem. So fordern Zuwendungen öffentlicher Einrichtungen für zusätzliche Stellen langfristige Stellenpläne und statische Stellenbeschreibungen, die dem Charakter einer sich laufend dynamisch verändernden Organisation widersprechen. Um die Mittel dennoch erhalten zu können, müssen Teile der Organisation an die Anforderungen der Geldgeber angepasst werden, was zu einer Aufweichung des Prinzips der Selbstorganisation führt.

Viele Befürworter von Holokratie in der Organisation geben frustriert auf, weil sie vor lauter Beschäftigung der Organisation mit sich selbst den eigentlichen Sinn, dessentwegen sie zu einem sozialen Start-up gekommen sind, nicht mehr ausleben können. Ausschlaggebend für das Scheitern von Holokratie in diesem Fall sind schließlich einige handwerkliche Fehler, die das Start-up aus Unerfahrenheit begeht. So fehlt eine verbindliche Kommunikationsplattform, die den transparenten Austausch von Informationen und Ideen ermöglicht. Es gibt ungeklärte Fragen. So zum Beispiel, ob die in der Zentrale eingeführte holokratische Organisationsform auch in den internationalen Niederlassungen eingeführt werden soll. Schließlich ist das Warum des Start-ups nicht eindeutig definiert. Das führt

immer wieder zu Missverständnissen und unterschiedlichen Auffassungen, beispielsweise bei der Frage, welche Spendengelder zu welchem Zweck – mit entsprechenden Konsequenzen für Fokus und Inhalt der Organisation – angenommen werden.
Die Referentin schließt ihren Erfahrungsbericht mit einem persönlichen Eindruck. Das Start-up habe aus ihrer Sicht versucht, das System Holokratie nach dem Lehrbuch einzuführen. Damit folgt es dem Erfinder der Holokratie, Brian Robertson, der die Überzeugung vertritt, dass man Holokratie nur ganz oder gar nicht einführen kann. Abgesehen von den geschilderten ungeklärten Fragen stelle dieser »Ganz oder gar nicht«-Ansatz den Grund für das Scheitern der Einführung dar. Organisationen, die selbstorganisiert arbeiten möchten, brauchten eine individuell zugeschnittene Variante eines Betriebssystems und ausreichend Zeit, dieses anzupassen und alle Mitglieder darauf einzustellen.

▪ KRITIK

Erfreut stellen Sie fest, dass Sie vieles von dem wiedererkennen, was die Referentin in ihrem Erfahrungsbericht schildert. Da haben Sie bei der Sklerotec AG das eine oder andere von vornherein besser gemacht, ganz unabhängig von Holokratie: Jump!, die Dialogplattform, oder das Warum klar definiert. Bis in die Nacht hinein diskutiert der Transformationskreis lebhaft über das Modell Holokratie. Zu denken gibt der Gruppe an dem Erfahrungsbericht die Beobachtung, dass Selbstorganisation, falsch aufgesetzt, dazu instrumentalisiert werden kann, in entstandenen Machtvakuen Egoismen voranzutreiben.

Interessant finden Sie den Gedanken der Trennung von Rolle und Person, die in der Holokratie angelegt ist. Wieso soll jemand, der aufgrund seiner Ausbildung im Bereich Finanzen angesiedelt ist, nicht seine Fähigkeiten, die er in einem ganz anderen Bereich hat, auch dem Unternehmen zur Verfügung stellen können? Viele Missverständnisse und Konflikte im Organisationsalltag rühren wahrscheinlich daher, so denkt ein Teilnehmer laut nach, dass Rolle und Person nicht getrennt werden. Möglicherweise fällt es Mitarbeitern leichter, sachlich kritisches Feedback zu geben, was normalerweise vom Gegenüber mit Kritik an der Person verwechselt wird. Auch die klare Unterscheidung zwischen operativen und strategischen Meetings bestätigt die Teilnehmer in ihren früheren Überlegungen, durch eine klare Trennung von Zielsetzungen die Meetingflut einzugrenzen. Als motivierend empfinden die Teilnehmer auch die in Holokratie angelegte Animation zur direkten Klärung von Fragen ohne den Umweg über hierarchische Instanzen. Auch die Tatsache, dass das wichtigste Kriterium für die Entscheidung bei der Einstellung von neuen Mitarbeitern bei Holokratie nicht Fachexpertise, sondern die Haltung ist, an das Ganze zu denken und mit hohem Kommunikationstalent Menschen zusammenführen zu können, sagt den Teilnehmern zu. Dies sind Punkte, die generell für die Einführung von auf Selbstorganisation und Eigenverantwortung beruhenden Organisationsformen relevant sind.

Kritisch an dem Ansatz Holokratie sehen die Kollegen, dass das Gesamtkonzept sehr komplex zu sein scheint. Sie gewinnen den Eindruck, dass Holokratie alle Probleme über genau definierte Prozesse zu regeln versucht. Ein Beispiel dafür sehen Sie in Zustimmungserfordernissen der Geschäftsführung bei Investitionsentscheidungen ab einer bestimmten Höhe. Diese werden in Prozesse verlagert, die genau festlegen, welcher Kreis und welche Rollen über welche Links mitsprechen dürfen. Entscheidungen verlangsamen sich, Dynamik und Flexibilität verringern sich, kleinteiliges Denken und Handeln und Um-sich-selbst-Kreisen wird gefördert, so vermuten Sie. Das auf diese Weise entstehende Regulierungsgebilde scheint die Zielsetzung zu konterkarieren, unter der Selbstorganisation antritt, nämlich Dynamik und Flexibilität zu erhöhen, statt zu verringern.

So viele Vorteile die Trennung von Rolle und Person hat, so gibt es auch erhebliche Nachteile. Einer der Teilnehmer des Kreises weiß zu berichten, dass beim Online-Händler Zappos, der holokratisch organisiert ist, jede Person im Schnitt siebeneinhalb Rollen einnimmt. Bei dieser Fülle von Verantwortlichkeiten fällt es den Mitarbeitern schwer, zu priorisieren. Zappos versucht das Problem über ein Punktesystem zu lösen, bei dem jeder Kreis nur eine begrenzte Anzahl von Punkten für Rollen vergeben darf. Als weiterer Komplexitätstreiber erweist sich bei Zappos auch die Praxis der Rekrutierung. Grundsätzlich steht es jedem Kreis frei, Kompetenzen zur Erfüllung seiner Aufgaben von außen zu gewinnen. Wie stellt man aber sicher, dass der eine Kreis nicht Rollen einkauft, die an anderer Stelle bereits vorhanden sind oder zeitgleich eingestellt werden? Zappos regelt das Thema über eine interne Web-Plattform, die wiederum so kompliziert geworden ist, dass sie kaum jemand nutzt.

Für den einzelnen Mitarbeiter finden wichtige Fragen eines Angestelltenverhältnisses bei Holokratie keinen Raum, wie andere Praxiserfahrungen zeigen: Wie viel verdiene ich? Wie kann ich mich im Unternehmen entwickeln? Denn: Wie soll jemand angemessen bezahlt werden, der in einem Kreis Software entwickelt, in einem anderen Lead-Link ist, in einem dritten an einer Marketingstrategie arbeitet und in einem vierten Veranstaltungen organisiert?

Allen fällt die kritische Haltung von Brian Robertson gegenüber einer Strategie auf. Robertson hält das Setzen von Zielen und Zielbildern im Vorhinein für kontraproduktiv. Eine Fokussierung auf bestimmte Ziele in zehn Jahren, so sein Argument, reduziere die Fähigkeit der Organisation, schnell auf Themen reagieren zu können. Oder sie ignoriere, was nicht hineinpasst, aber sehr wohl wichtig sein könnte. Das hält der Transformationskreis für nicht realistisch. Wenn der Organisation das Wohin fehle, breche eine wichtige orientierende Leitplanke für die Organisation weg. Auffällig ist ferner, dass in Robertsons Ausführungen an keiner Stelle die Rede vom Kunden ist, um den es ja letztlich im Unternehmen geht.

»Wir waren nicht reif genug für die Einführung von Holokratie.«

Projektleiter Holokratie in einem Sozialunternehmen

Ein über Holokratie hinausgehendes Problem sieht der Kreis schließlich darin, dass für das Gelingen der gute Wille aller, Vertrauen in die Kompetenz der einzelnen Mitarbeiter und eine gewaltfreie Kommunikation bei Konflikten Voraussetzung sind. Gerade hier haben aber etablierte Unternehmen zum Teil erhebliche Schwachpunkte. Wie soll Holokratie gelingen, wenn sie die Voraussetzungen nicht schaffen kann, auf denen sie beruht? Da scheint dem Kreis die sequenzielle Einführung von auf Eigenverantwortung und Selbstdisziplin beruhenden Organisationen – das allmähliche Entwickeln der genannten Voraussetzungen – wesentlich realistischer.

Die für Reflexion von Holokratie verantwortliche Teilnehmerin berichtet zum Schluss der Diskussion in der Nacht von einer abschließenden Frage, die sie ihrem Gesprächspartner aus dem gemeinnützigen Unternehmen gestellt hat: »Was hättest du im Nachhinein anders gemacht?« Die Antwort auf diese Frage bestätigt den Kreis in seiner Abwägung der Vor- und Nachteile von Holokratie: Holokratie nicht in Reinform einführen, sondern Elemente herausgreifen, die für die Fragestellungen ihrer Organisation hilfreich sind. Unterschiedliche Arbeitsformen in unterschiedlichen Bereichen zulassen. Mehr in die Befähigung der Zusammenarbeit in den Kreisen investieren. Verstärkt auf externe Unterstützung bei der Begleitung der Teileinführung von Holokratie zurückgreifen.

Podularität

▪ DIE IDEE

Podularität unterteilt eine Organisation in kleine, autonom handelnde Einheiten, die schnell und flexibel auf Kundenanforderungen und Marktveränderungen reagieren. Die Einheiten heißen »Pods« und haben bis zu zehn Mitglieder. Pods integrieren den Kunden und stellen damit sicher, dass Lösungen gefunden werden, die das Problem des Kunden möglichst genau adressieren. Dabei können Innovationen innerhalb eines Pods oder auch im Zusammenspiel mit mehreren Pods gewonnen werden. Pods sind in einem Netzwerk untereinander verbunden. Die Organisation im Netzwerk stellt sicher, dass bei einem Fehler eines Pods nicht die gesamte Organisation lahmgelegt wird, sondern Störungen durch andere Pods oder bestehende Interaktionen zwischen Pods aufgefangen werden. Auf diese Weise können auch standardisierte Abläufe kontinuierlich verbessert werden, ohne dass – wie in einer klassischen Organisation – ein Produktionsprozess angehalten werden muss, weil er verbundene lineare Abhängigkeiten beeinträchtigt.

Pods vereinigen cross-kompetente Kompetenzen in sich, die für die Kundenlösung erforderlich sind. Sie sind autonom und agieren wie ein komplettes Unternehmen im Kleinen: Produktion, Vertrieb, Marketing, Controlling. Erweist sich ein neu entwickeltes Produkt über einen Prototyp als umsetzbar, wird das Produkt durch Teilung in zwei oder drei Pods, die ihrerseits neue Mitarbeiter und Kompetenzen anziehen, als skalierbares Geschäftsmodell ausgebaut und in den Markt gebracht. Auf diese Weise generiert Podularität Wachstum. Pods basieren auf festen Regeln, geschäftlichen und kulturellen Verabredungen, auf die sich die Organisation vorher explizit verständigt hat. Dies können strategische Festlegungen für die Gesamtausrichtung des Unternehmens, Regeln der Zusammenarbeit oder Budgetleitplanken sein. Diese so definierten gemeinsamen Leitplanken bilden das stabilisierende Rückgrat der Organisation, an dem entlang die Pods ihre Entscheidungen autonom treffen.

Das Podularitätsnetzwerk schließt auch wiederkehrende Aufgaben ein, die eine Organisation funktionsfähig erhalten, wie Routinen in der Administration oder in der Standardproduktion.

▪ ERFAHRUNGEN

Der Teilnehmer des Transformationskreises, der Podularität vorstellt, berichtet von Haier, dem chinesischen Haushaltsgerätehersteller mit weltweit über 75 000 Mitarbeitern und 35 Milliarden US-Dollar Umsatz. In den letzten zehn Jahren ist die jährliche Bruttomarge im Kerngeschäft um

23 Prozent und der jährliche Umsatz um 18 Prozent gestiegen. Die Geschwindigkeit von der Entwicklung eines Produkts bis zur Marktreife hat sich um 70 Prozent beschleunigt. In neuen Geschäftsmodellen hat Haier weltweit zwei Milliarden Dollar erwirtschaftet. In den letzten Jahren hat Haier 10 000 Arbeitsplätze gestrichen und Zehntausende neue Arbeitsplätze in wachsenden Märkten und Ökosystemen neu aufgebaut.

Diese Zahlen sind Ausdruck eines radikalen Umbaus des Unternehmens seit zehn Jahren in eines, bei dem fast alle Mitarbeiter nah an den Endkunden herangeführt werden und offene Plattformen hin zu Kunden und Partnern bestehen. In Ablösung der klassischen Hierarchie ist Haier in 4000 sogenannte Mikrofirmen mit 10 bis 15 Mitarbeitern aufgeteilt, die autonom und nach sich selbst organisierenden Prinzipien agieren und entscheiden. Es gibt drei unterschiedliche Typen von Mikrofirmen: 200 sogenannte »transformative« Mikrofirmen, die sich aus dem Stammgeschäft – den Haushaltsgeräten – in digitale, kundenzentrierte Geschäftsmodelle der Branche hineinbewegen. Zweitens existieren mehr als 50 »Inkubator«-Mikrofirmen, die gänzlich neue Geschäftsmodelle entwickeln, zum Beispiel smarte Kühlschränke, die Nutzer mit Lebensmittel-Lieferdiensten verbinden. Schließlich gibt es knapp 3800 »Knoten«-Mikrofirmen, die ihre Dienstleistungen im Wettbewerb mit anderen externen Zulieferern an die vorgenannten Mikrofirmen liefern, wie Buchhaltung, Personaldienstleistung, Controlling, Presse- und Öffentlichkeitsarbeit. Auf diese Weise sind selbst diejenigen Aufgaben, die in anderen Firmen einen rein auf das Unternehmen gerichteten Fokus haben, kundenzentriert.

Haier funktioniert wie das World Wide Web: Das Netz ist extrem divers und dank bestimmter technischer Standards doch sehr kohärent. So nutzen alle Mikrofirmen dieselben Praktiken bei der Setzung von Zielen der internen Vertragsgestaltung und der Koordinierung unter den Mikrofirmen. Jede Mikrofirma der beiden erstgenannten Typen ist gehalten, sich von einer Firma, die ein Produkt verkauft, zu einer Firma zu wandeln, die ein Ökosystem rund um ein Produkt entwickelt. Ein gutes Beispiel dafür ist eine Applikation, die es chinesischen Studenten ermöglicht, Slots für ihre Wäsche in den mit Haier-Geräten ausgestatteten Waschsalons ihrer Studentenwohnheime zu buchen. Die Mikrofirma, die die App entwickelt hat, öffnet sie für externe Anbieter anderer Dienstleistungen und macht diese neun Millionen studentischen Nutzern zugänglich. Haier verdient über eine Lizenzgebühr an jeder Transaktion, die über die App läuft. So wird im besten Fall jede Mikrofirma zu ihrem eigenen Profitcenter, was selbst für die Knoten-Firmen gilt. Ein geflügeltes Wort lautet: Die Angestellten bei Haier werden nicht vom Unternehmen, sondern von den Kunden bezahlt.

Haier sieht sich selbst nicht als Unternehmen, sondern als Hub in einem Netzwerk, zu dem auch externe Entwickler, zum Beispiel in Haiers Partnerschaftsnetzwerk, gehören, die als Externe an technischen Problemen arbeiten.

Die Autonomie der Mikrofirmen drückt sich darin aus, dass sie selber entscheiden, welche Geschäftsopportunitäten sie ergreifen, welche Prioritäten sie setzen und welche internen und externen Partnerschaften sie nutzen. Sie rekrutieren ihre Teammitglieder selbst, bestimmen die Gehaltshöhe der Teammitglieder und verteilen Boni eigenständig nach einem unternehmerischen Modell. Die Geschäftszahlen sind für alle Mikrofirmen transparent.

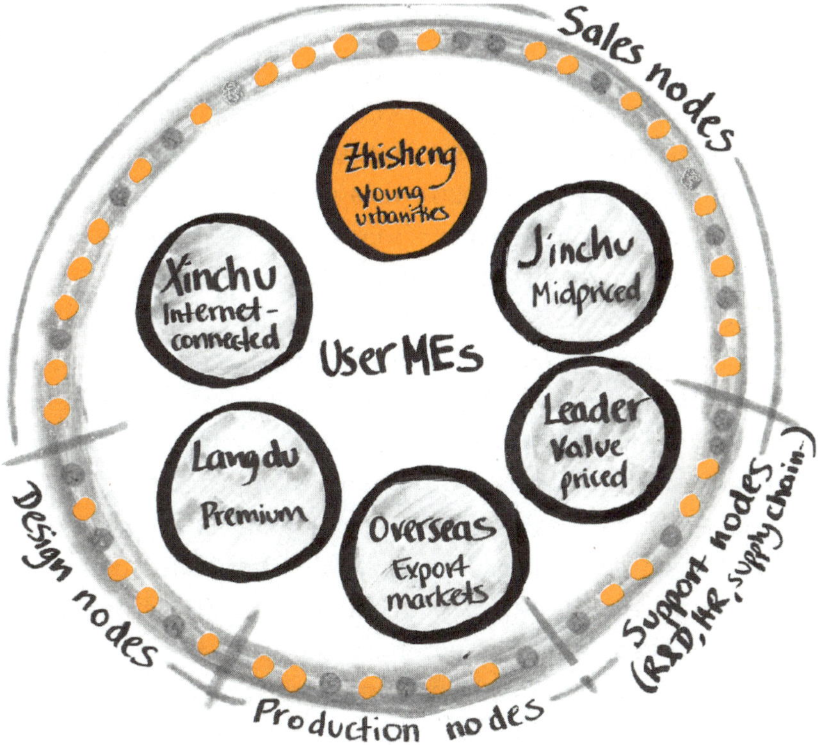

▪ KRITIK

Der Transformationskreis ist positiv überrascht über die Radikalität, mit der ein so großes Unternehmen wie Haier Podularität umsetzt. Bislang herrschte im Kreis das unterschwellige Vorurteil, dass auf Selbstorganisation beruhende Organisationen vor allem in Unternehmen kleinerer oder mittlerer Größe und eher wissensbasierten Organisationen funktionieren. Haier und Volvo, das über selbstständig agierende Pods in der

Autofertigung seine Produktivität um rund 20 Prozent erhöht hat, beweisen, dass Podularität auch große und sehr große Unternehmen umgestalten kann. Beeindruckt sind alle Teilnehmer davon, wie stark unternehmerisch getrieben das Modell Haier ist, bis hin zu einem unternehmerischen Gehaltsmodell. Das oft gehörte Wort von den Unternehmern im Unternehmen – hier scheint es zum ersten Mal aufzugehen. Podularität scheint viel Sinn in einer Marktumgebung zu machen, die mit großen Transformationen konfrontiert werden. »Ist dies nicht der Weg, den auch ein Unternehmen wie die Sklerotec AG gehen sollte?«, fragen Sie in die Runde. Ihre Kollegen sind sich einig, dass dies ein Ziel sein könnte, es jedoch noch ein langer Weg bis dahin sei. Haier hat nicht umsonst fast zehn Jahre dafür gebraucht, bis das Modell rundzulaufen schien. Die ersten Schritte hat die Sklerotec AG immerhin eingeleitet.

Der Referent unterstreicht schließlich, dass Podularität nicht für sich in Anspruch nimmt, alle Probleme etablierter Organisationen zu lösen. Auf die Frage eines Teilnehmers bestätigt er, dass Redundanzen in der Aufgabenerledigung angelegt sind. Das kann interne Kosten erhöhen. Stehen diese Kosten in einem guten Verhältnis zu den durch die neue organisatorische Aufstellung geförderten kreativeren und schneller erreichten Lösungen, lohne sich die Ausgabe.

Soziokratie und Netzwerk

Soziokratische Organisationsformen sind Thema des dritten Treffens der Reihe des Transformationskreises. Soziokratie bedeutet im Ursprung des Wortes die Herrschaft der Gemeinschaft.

▪ DIE IDEE

Die verantwortliche Referentin führt aus, dass die Ursprünge der Soziokratie zu Beginn der Industrialisierung am Anfang des 19. Jahrhunderts bei dem französischen Philosophen und Soziologen Auguste Comte zu suchen sind. Im von ihm vertretenen Positivismus fordert er, alle Transzendenz auszuschalten und sich auf das beobachtbare Wissen und nachprüfbare Entscheidungen zu konzentrieren. Comte entwickelt den Gedanken der Soziokratie, in der alle Bürger eines Gemeinwesens an ihrer eigenen Regierung beteiligt sind. Der Archäologe Frank Ward (1843–1913) sah in der Soziokratie eine ideale Gesellschaft, die von systematischer und wissenschaftlicher Denkweise durchdrungen ist. Weiter ging es im Holland des 20. Jahrhunderts, wo Experimente im Bildungsbereich stattfanden, bei denen Schüler und Studenten selber ihre Lehrpläne verfassten.

Ein nach soziokratischen Prinzipien aufgestelltes Unternehmen legt den Fokus auf die Interaktionen unter Mitarbeitern. Soziokratische Unternehmen können stark oder schwach ausgeprägte Hierarchien haben. Ein theoretisches Konzept eines soziokratisch gestalteten Unternehmens, das Sie sich näher anschauen, unterscheidet zwischen Führungskräften und Mitarbeitern. In der Darstellung werden aus Kreisen wie bei der Holokratie Dreiecke. Diese illustrieren die bestehende Hierarchie auf der Ebene der Kreise und gegenseitige Abhängigkeiten unter den Kreisen. Die Ecken des Dreiecks symbolisieren die drei Tätigkeiten »Leiten«, »Tun« und »Messen« als Funktionen der Steuerung eines Teams. Wie bei Holokratie und Podularität sind die Dreiecke in sich autark und treffen eigenständig Entscheidungen. Jedes Dreieck hat sein eigenes Ziel und seine eigene Mission. In der sogenannten »doppelten Koppelung« stellen in jedem Dreieck jeweils zwei Personen – »Leiter« und »Delegierter« – sicher, dass Informationen von oben nach unten beziehungsweise von unten nach oben gelangen. Bei über die Kompetenz des Kreises hinausgehenden Beschlüssen stimmen Leiter und Delegierter des Einzelkreises im Sinne des entsendenden im übergeordneten Kreis. Sollten sie bei einer Abstimmung nicht dem Votum ihres Kreises folgen und ab-

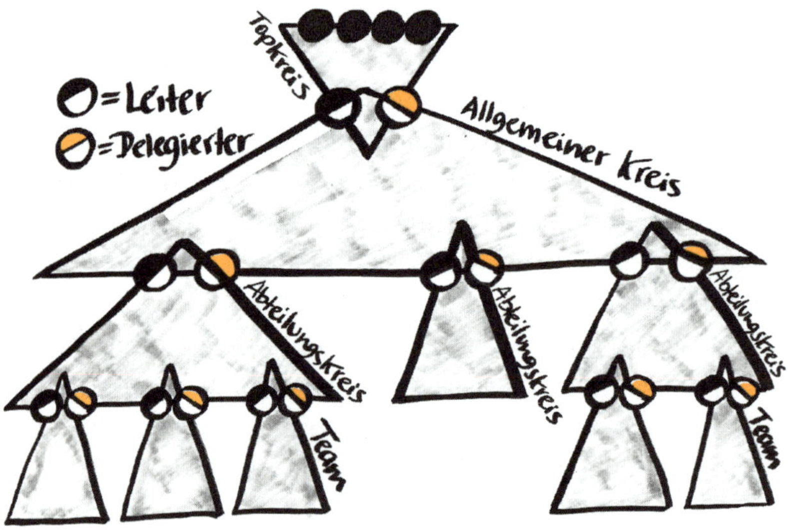

Frei nach: Barbara Strauch/Annewiek Reijmer: *Soziokratie. Kreisstrukturen als Organisationsprinzip zur Stärkung der Mitverantwortung des Einzelnen.* München 2018.

weichend im Sinne des Allgemeininteresses votieren, sind sie den Kreismitgliedern für ihr Abstimmungsverhalten eine Erklärung schuldig. Als wichtigstes Prinzip der Soziokratie lebt die Entscheidungsfindung nach dem Konsentprinzip auch in anderen Organisationsformen fort. Auf diese Weise wahrt die Soziokratie den Schutz von Mindermeinung, was ihr ein besonderes Anliegen ist.

ERFAHRUNGEN

Eine hierarchiefreie Ausprägung eines soziokratisch organisierten Unternehmens stellt der kalifornische Tomatenverarbeiter Morning Star dar. Er lebt eine radikale Variante des Selbstmanagements der »Kollegen«, wie die Mitarbeiter heißen. Kollegen arbeiten ohne jede Form von Hierarchie. Sie legen ihr Warum selbst fest. Sie sind frei in ihrer Entscheidung, sich die Unterstützung zu holen, die sie brauchen, um ihre Arbeit zu erledigen, zum Beispiel über die Anstellung neuer Kollegen. Mit zehn Kollegen verhandelt der einzelne jedes Jahr neu seinen Verantwortungsbereich aus, der ähnlich wie bei der Holokratie als Rolle bezeichnet wird. Der Verhandlungsprozess beginnt damit, dass ein Mitarbeiter seinen Kollegen die Rollen, die er im Unternehmen ausfüllen möchte, in einem »Colleague Letter of Understanding« (CLOU) darstellt. Bis zu 20 Rollen kann ein Kollege ausfüllen: Verlader der Tomaten an der Produktionsrampe, Trainer der Schäler oder Disponent der Logistik. Der Kollege erklärt, warum er aus seiner Sicht geeignet ist, die Rolle auszufüllen, und legt die Messindikatoren fest, anhand derer er und die Kollegen im Nachhinein feststellen können, ob er die Rolle gut ausgefüllt hat. Um sicherzustellen, dass die verhandelten CLOUs insgesamt einen durchgängigen Workflow ergeben, gehen die Kollegen untereinander in eine Serie von Einzelgesprächen. Aus den verhandelten CLOUs entsteht ein Netzwerk von Einzelverpflichtungen, bei dem jeder einzelne Knoten eine Person repräsentiert. Ein Netzwerk, das keinen Chef braucht, oder wie es ein befragter Kollege von Morning Star ausgedrückt hat:

> **»Wir minimieren auf diese Weise die Versuchung, nicht wir selbst zu sein oder einem Chef gut gefallen zu wollen. Es ist kaum möglich, ständig zwölf Kollegen oder mehr gegenüber gut auszusehen.«**

Über seine persönliche Entwicklung innerhalb des Unternehmens entscheidet ebenfalls jeder Kollege für sich. Erfahrene und exzellente Kollegen trauen sich Rollen mit größerer Verantwortung zu und ergreifen sie. Konflikte lösen die Kollegen über ein festgelegtes Vorgehen in fünf Schritten, das von einem Mentor begleitet wird. Nur wenn sich der Konflikt nicht über dieses Verfahren lösen lässt, entscheidet als letzte Instanz der Geschäftsführer von Morning Star. Aus der radikal gelebten Autonomie entsteht eine hohe Motivation und enge Verbundenheit der Kollegen mit dem Unternehmen. Grenzen der Autonomie erreicht das Vorgehen bei Morning Star bei der Frage des Gehaltsmodells. Die Gehaltshöhe bemisst sich dem soziokratischen Gedanken folgend am Wertbeitrag, den die Kollegen gemeinsam zum Erfolg des Unternehmens beisteuern, nicht an dem persönlichen Beitrag. Individuelle Gehaltserhöhungen sind mithin schwer zu begründen. Die Höhe der Gehälter ist formal Gegenstand der Verhandlung mit den Kollegen. In der Praxis jedoch entscheidet meist der Geschäftsführer über jeden einzelnen Fall.

KRITIK

Die geschilderte Ausformung eines soziokratisch organisierten Unternehmens überzeugt die Runde nicht. Über die Dreiecklogik mit den beiden Abgesandten wird eine gemeinschaftlich organisierte Hierarchieebene in das Unternehmen eingezogen, wodurch sich Abstimmungsaufwände erheblich erhöhen dürften. Dabei wollen sich selbst organisierende Modelle eigentlich Bürokratie abbauen!

Morning Star mit dem radikalsten Ansatz von Hierarchiefreiheit, der Ihnen bislang begegnet ist, beflügelt Ihre Gedanken. Sie verstehen, dass die unter den Kollegen ausgehandelten CLOUs das Rückgrat des Unternehmens bilden. Die in den CLOUs niedergelegten Selbstverpflichtungen müssen eine große orientierende Kraft haben, so vermuten Sie. Sie haben aber den Verdacht, dass die geschilderten Aushandlungsprozesse eine Unternehmenskultur befördern, die falsch verstandene Harmonie verfestigt: Jeder will sich mit jedem gut stehen. Kommen dann unsachliche Konflikte, das Ringen um die beste unternehmerische Lösung zu kurz? Möglicherweise funktioniert eine so radikale Form des Selbstmanagements nur in Geschäftsfeldern, die sich in einem stabilen Rahmen bewegen und von wiederkehrenden Abläufen geprägt sind: Ernte, Verarbeitung, Vertrieb. Sie stellen sich auch vor, dass das Unternehmen wochenlang durch die Aushandlungsprozesse fast gelähmt sein muss. Das dürfte sich besonders in der Gehaltsfrage zeigen. Die Tatsache, dass die Fluktuation der Mitarbeiter bei Morning Star recht hoch ist, bestätigt ihren Verdacht. Ein anregendes Experiment ist dieser Fall. Mehr nicht.

FAZIT: DIE NEUE ORGANISATION ALS NETZWERK UND ORGANISMUS

Am Ende dieser Reihe setzt sich allmählich ein Gesamtbild der Organisation der Zukunft zusammen. Wiederkehrende Motive sind:

- *kleine Teams,* die autonom und selbstgesteuert agieren und dem tradierten Management die Konfliktlösung abnehmen;
- ein hoher Grad an *Selbstdisziplin* und Selbstverpflichtung des Einzelnen innerhalb dieser Teams;
- die individuelle Leistung geht in der *Teamleistung* auf, diese wird zum Leistungsmaßstab;
- Denken und Handeln in *Rollen, Kompetenzen und Aufgaben,* nicht mehr in Funktionen, Zuständigkeiten und Abteilungen;
- permanente *Interaktion* löst lineare Prozesse ab;
- ein klarer Rahmen, der Leitplanken für das autonome Handeln setzt: eine *Strategie,* das *Warum* des Gesamtunternehmens und *Werte;*
- aus dem Rahmen abgeleitete verbindliche *Ziele und Regeln,* die sich Teams selber geben;
- ein Führungsverständnis, dessen wesentliches Charakteristikum die *Befähigung anderer* ist;

- Klarheit darüber, dass klassische Hierarchie, Befehl und Gehorsam durch die genannten Ausformungen von *Selbstorganisation* ersetzt werden;
- Gewissheit, dass die Herausforderungen eines durch Volatilität, Unsicherheit, Komplexität und Ambiguität charakterisierten Umbruchs von Wirtschaft und Gesellschaft nicht mehr durch die Weisheit eines Einzelnen, sondern nur durch die *Intelligenz der Vielen* gemeistert werden kann;
- *Transparenz* von Zahlen, Zielen und Informationen, idealerweise hergestellt über eine interaktive Dialogplattform und proaktive Kommunikation;
- ein Grundverständnis, dass die Organisation sich ständig *dynamisch* weiterentwickeln wird und muss und die Außengrenzen der Organisation sich zum Kunden und Partnern hin auflösen;
- ein *Netzwerk* von Kompetenzen und Interaktionen löst das starre Organigramm ab.

Im Transformationskreis teilen Sie Ihre Beobachtung, dass erstaunlich viele Modelle Begriffe aus der Biologie nutzen, um die Organisation der Zukunft darzustellen: der lebende Organismus, der sich jeden Tag dynamisch verändert; die einzelne Zelle, die Teil eines Organs ist, das wiederum Teil eines großen Ganzen ist: des Körpers, Knoten oder Synapsen in einem Netzwerk, das dem Gehirn gleicht. Es scheint kein Zufall zu sein, dass die Darstellung der Organisation der Zukunft eine große Affinität zu einem Organismus hat, der die Notwendigkeit eines in sich geschlossenen Systems mit der Offenheit zur Umgebung verbindet und sich unentwegt weiterentwickelt. Das zweidimensionale Organigramm könnte durch eine dreidimensionale Darstellung eines sich ständig in Bewegung befindlichen Netzwerks abgelöst werden. Wir wissen es noch nicht, aber vieles deutet darauf hin.

Nach der Betrachtung vieler Ansätze bleibt Ihnen und Ihren Kollegen im Transformationskreis die Gewissheit, dass Organisationsentwicklung eine iterative Entdeckungsreise ist, die aus Experimentieren, Lernen und Vorantasten besteht.

Die Sklerotec AG hat sich auf den Weg gemacht, der kein Zurück mehr kennt. Der Aufbruch im Unternehmen ist mächtig und damit unwiderruflich geworden. Auch für Mirko S., den Mitarbeiter des Reinigungsdienstleisters clean-down, hat sich einiges verändert. Wenn er seinen frühmorgendlichen Rundgang macht, erlebt er ein anderes Unternehmen. Natürlich gibt es noch den Teil des Gebäudes, in dem die Flure lang sind und die Konferenzräume Sessel haben. Aber es gibt auch Etagen und Gebäudeteile, die, wie beschrieben, ganz unterschiedliche Raumsituationen aufweisen. Das Reinigen ist hier aufwendiger. Die Einzelkabinen sind enger, der Staubsauger kommt oft nicht in alle Ecken. Die Freiflächen mit dem beweglichen Mobiliar lassen sich wiederum leichter pflegen. Die eigentliche Veränderung besteht aber darin, dass auf den Steh- oder Sitztischen keine gebrauchten Tassen, Teller oder angeknabberten Kekse mehr stehen und liegen. Egal in welchem Gebäudeteil sammeln die Mitarbeiter das Geschirr abends in den Pantryküchen und stellen volle Spülmaschinen an. Und ab und zu findet Mirko S. eine kleine Aufmerksamkeit auf einem Schreibtisch mit einem Zettel mit der Aufschrift »Danke«.

Neugierig?
Nur das Beste!

Ausgewählte Lektüre- und Hörempfehlungen

Markus Baumanns; Torsten Schumacher: *Kein Bullshit. Was Manager heute wirklich können müssen.* Hamburg 2014, 2. Aufl. 2015.

Markus Baumanns; Torsten Schumacher: »Schon wieder eine Sau. Von Agilität und anderem Bullshit im Unternehmensalltag«. *Kursbuch Nr. 191*, September 2017, S. 68–78.

Ethan Bernstein; John Bunch; Niko Canner; Michael Lee: »Beyond the Holocracy Hype«. *Harvard Business Review*, July/August 2016.

Clayton M. Cristensen: *The Innovator's Dilemma. When new Technologies cause great Firms to fall.* 10. Auflage, Boston 2016.

Dark Horse Innovation: *Thank God it's Monday. Wie wir die Arbeitswelt revolutionieren.* Berlin 2014.

Francesca Gino; Bradley R. Staats; Brain J. Hall; Tiffany Y. Chang: *The Morning Star Company: Self-Management at Work.* Case Harvard Business School, Juni 2016.

Dave Grey: »The future is podular«. https://medium.com/the-connected-com pany/the-future-is-podular-c71d090abf80 (zuletzt abgerufen 10.3.2019).

André Häusling; Esther Römer; Nina Zeppenfeld: *Praxisbuch Agilität. Tools für Personal- und Organisationsentwicklung.* Freiburg 2017.

Gary Hamel: *What Matters Now: How to Win in a World of Relentless Change, Ferocious Competition, and Unstoppable Innovation.* 2012.

Gary Hamel; Michele Zanini: »The end of Bureaucracy. How a chinese appliance maker is reinventing management for the digital age«. *Harvard Business Review* November/Dezember 2018, S. 50–59.

John P. Kotter: *Leading Change.* Boston 1996.

John P. Kotter: »Accelerate. How the most innovative companies capitalize on today's rapid-fire strategic challenges – and still make their numbers«. *Harvard Business Review*, November 2012, S. 44–58.

Frederic Laloux: *Reinventing Organizations. A Guide to Creating Organizations Inspired by the Next Stage of Human Consciousness.* Brüssel 2014.

Christoph Magnussen; Michael Trautmann: *On the way to new work*: https://www.onthewaytonewwork.com. Ein hörenswerter Podcast zu New Work.

Tim Mois; Corinna Baldauf: *24 Work Hacks, auf die wir gerne früher gekommen wären. Erfahrungen aus sechs Jahren leaner und agiler Organisationsentwicklung bei sipgate.* 3. Auflage 2018.

Mark Poppenborg; Lars Vollmer: *intrinsify. Gute Ideen für Arbeit und Dich*: https://intrinsify.de/blog. Ein hörenswerter Podcast über die Neue Wirtschaft.

Gary P. Pisano: »The hard truth about innovative cultures. Creativity can be messy. It needs discipline and management«. *Harvard Business Review*, Januar/Februar 2019, S. 61–71.

Andreas Reckwitz: *Die Gesellschaft der Singularitäten.* Frankfurt 2017.

Darrell K. Rigby; Jeff Sutherland; Andy Noble: »Agile at Scale. How to go from a few teams to hundreds«. *Harvard Business Review*, Mai/Juni 2018, S. 88–96.

Brian J. Robertson: *Holacracy. Ein revolutionäres Management-System für eine volatile Welt.* München 2016.

Simon Sinek: *Frag immer erst: Warum. Wie Führungskräfte zum Erfolg inspirieren.* München 2014.

Jim Whitehurst: *The open Organization. Igniting Passion and Performance.* Boston 2015.

Dank

Mein Dank gilt zahlreichen Interviewpartnern, meinen Kollegen bei den company companions für das außergewöhnliche gemeinsame Wirken, insbesondere Britta Tondock für die Zusammenarbeit bei der Illustration, Ralf Pütmann für wertvolle Hinweise zur Textilbranche und meiner Familie für ihre engelsgleiche Geduld.

Über den Autor

© company companions

Markus Baumanns ist Unternehmer und Mitgründer, -gesellschafter und -geschäftsführer der company companions in Hamburg, die Unternehmen bei Transformationen mit den Schwerpunkten Strategie, Organisation und Führung begleitet. Zuvor war er Geschäftsführer der Bucerius Law School, Vorstandsmitglied der ZEIT-Stiftung Ebelin und Gerd Bucerius, Diplomat in Südamerika und Referent im Presse- und Informationsamt der Bundesregierung. Der promovierte Historiker ist Kolumnist im *Handelsblatt* (bis 2019) und *Hamburger Abendblatt* sowie gefragter Redner über Transformationen von Unternehmen.

Im Murmann Verlag erschienen sind von ihm gemeinsam mit Torsten Schumacher: *Kein Bullshit. Was Manager heute wirklich können müssen.* Hamburg 2014, und *BullshitX. Bausteine für gute Manager.* Hamburg 2017.

Klimaneutral
Druckprodukt
ClimatePartner.com/12752-1803-1001

Zum Ausgleich für die entstandene CO_2-Emission bei der Produktion dieses Buches unterstützen wir die **Erhaltung und Wiederaufforstung des Kibale-Nationalparks in Uganda**. Das Projekt trägt zum Klimaschutz bei, indem die Bäume bei der Fotosynthese Kohlenstoff aus der Luft binden, es **schützt die Biodiversität** des tropischen Waldes und **sichert 260 Arbeitsplätze**.

FSC® www.fsc.org
MIX
Papier aus verantwortungsvollen Quellen
FSC® C083411

Bibliografische Information der Deutschen Nationalbibliothek
Die Deutsche Nationalbibliothek verzeichnet diese Publikation in der Deutschen Nationalbibliografie; detaillierte bibliografische Daten sind im Internet über http://dnb.dnb.de abrufbar.

Print: ISBN 978-3-648-12901-2 Bestell-Nr. 10353-0001
ePub: ISBN 978-3-648-12901-2 Bestell-Nr. 10353-0100
ePub: ISBN 978-3-648-13341-5 Bestell-Nr. 10353-0150

Markus Baumanns
Kick-off!
1. Auflage 2019

www.haufe.de
info@haufe.de

Illustrationen: Britta Tondock

Dieser Titel ist ein Produkt aus der Reihe
»Professional Publishing for Future and Innovation by Murmann & Haufe«
Weitere Informationen zum Murmann Verlag finden Sie unter
www.murmann-verlag.de